全国职业院校技能大赛系列丛书
中等职业教育课程改革成果教材

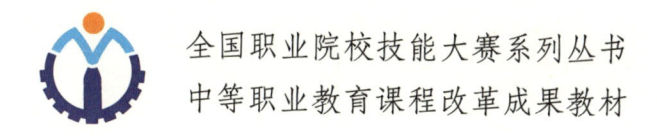

电梯维修保养实训与备赛指导
（第2版）

DIANTI WEIXIU BAOYANG SHIXUN YU BEISAI ZHIDAO

组编 亚龙智能装备集团股份有限公司
主 编 李乃夫
副主编 陈昌安
主 审 曾伟胜

高等教育出版社·北京

内容提要

本书是全国职业院校技能大赛系列丛书之一，是中职组电梯维修保养赛项的备赛指导用书，同时也是电梯类相关专业课程改革系列教材之一。全书采用项目引领、任务驱动的编写模式，总结教学实践经验和历届技能大赛考核要点，在第1版的基础上修订而成。

全书共分为5个项目，包括基本操作规范、电梯电气故障的诊断与排除、电梯机械故障的诊断与排除、电梯的维护保养和自动扶梯的维修保养，共26个工作任务。其中项目2、3、4的内容选自2015~2019年全国职业院校技能大赛（国赛）中职组电梯维修保养赛项的赛题，项目5的内容选自2016~2018年全国机械行业职业教育技能大赛机电类专业教师教学能力大赛（行业教师赛）电梯安装与维保赛项的赛题。附录1列出了2015年以来各届国赛与行业教师赛以及部分地区比赛的（操作）赛题，以供参考；附录2为竞赛设备的相关介绍。

本书配有学习卡资源，请登录Abook网站 http://abook.hep.com.cn/sve 获取相关资源。详细说明见本书"郑重声明"页。

本书可以作为全国职业院校技能大赛中职组电梯维修保养赛项的备赛指导教材，也可以作为中等职业学校电梯类等相关专业的教学用书，还可以供工程技术人员参考使用。

图书在版编目（CIP）数据

电梯维修保养实训与备赛指导 / 李乃夫主编 . -- 2版 . -- 北京：高等教育出版社，2020.9
ISBN 978-7-04-054438-1

Ⅰ. ①电… Ⅱ. ①李… Ⅲ. ①电梯-维修-中等专业学校-教材②电梯-保养-中等专业学校-教材 Ⅳ. ①TU857

中国版本图书馆CIP数据核字（2020）第112179号

策划编辑	陆 明	责任编辑	陆 明	封面设计	李树龙	版式设计	王艳红
插图绘制	于 博	责任校对	刘 莉	责任印制	韩 刚		

出版发行	高等教育出版社	网　　址	http://www.hep.edu.cn
社　　址	北京市西城区德外大街4号		http://www.hep.com.cn
邮政编码	100120	网上订购	http://www.hepmall.com.cn
印　　刷	河北新华第一印刷有限责任公司		http://www.hepmall.com
开　　本	787mm×1092mm　1/16		http://www.hepmall.cn
印　　张	15.25	版　　次	2013年4月第1版
字　　数	340千字		2020年9月第2版
购书热线	010-58581118	印　　次	2020年9月第1次印刷
咨询电话	400-810-0598	定　　价	48.80元

本书如有缺页、倒页、脱页等质量问题，请到所购图书销售部门联系调换
版权所有　侵权必究
物 料 号　54438-00

前　言

本书是全国职业院校技能大赛系列丛书之一，是中职组电梯维修保养赛项的备赛指导用书，同时也是电梯类电气类相关专业课程改革系列教材之一。全书采用项目引领、任务驱动的编写模式，总结教学实践和历届技能大赛考核要点，在第 1 版的基础上修订而成。

本书第 1 版自 2013 年 3 月出版以来，受到全国各地职业院校电梯类相关专业师生的喜爱，被广泛使用。几年来，我国的经济社会发展对职业教育及职业教育人才培养规格提出了新的要求，电梯产品与技术迅猛发展，相关专业教学、备赛要求也不断发展变化。为适应当前职业教育教学改革的要求，使本书更加贴近教学实际，对原书进行了修订。

本书修订的基本指导思想：
1. 适应当前职业教育教学改革和教材建设的总体要求。
2. 适应电梯技术与产品发展的要求。
3. 适应近年来竞赛模式和竞赛内容的变化。
4. 适应"1+X"书证融通的教学模式。

具体的修订内容有：
1. 项目 1 取消原"任务 1.1　认识电梯的基本结构"的内容，改为"任务 1.1　电梯维修保养的基本操作规范"，内容包括竞赛的一些基本操作要求和规范，使项目 1 的内容与近年国赛的要求相吻合。
2. 项目 2、3、4 选取近四届国赛中出现频率较高的 6 个维修保养项目，采用案例方法介绍故障诊断与排除（或维修保养）的操作过程。
3. 增加了"项目 5　自动扶梯的维修保养"，同样选取近三届行业教师赛出现频率较高的维修保养项目，采用案例方法介绍自动扶梯的故障诊断与排除（或维修保养）的操作过程。
4. 附录列出了自 2015 年以来各届国赛与行业教师赛以及部分地区比赛的（操作）赛题，供学习者参考。

需要说明一点，由于本书篇幅有限，部分电梯基础知识没有在书中罗列，本书学习者需具备一定的电梯基础知识，"思考与练习题"中的部分习题可以自行查阅相关参考书解答。

本书配有学习卡资源，请登录 Abook 网站 http://abook.hep.com.cn/sve 获取相关资源。详细说明见本书"郑重声明"页。

本书由李乃夫担任主编，陈昌安担任副主编，张华军、卓晓冬、冯晓军、岑伟富、陈碎芝、杨鹏远参与了本书的编写工作。其中项目 1 由李乃夫、陈碎芝编写，项目 2 由张华军、卓晓冬编写，项目 3 由冯晓军编写，项目 4、5 由岑伟富、杨鹏远编写，附录由李乃夫、杨鹏远编写。本书由曾伟胜主审，亚龙智能装备集团股份有限公司为本书的编写提供了相关资料。此外，还邀请了一些电梯相关行业企业的工程技术人员参与了本书的修订指导工作，他们为本书的修订提出了许多中肯的建议和意见。在本书修订过程中，得到了很多职业院校和电梯行业领域专家学者的大力支持和关心，在此一并表示衷心的感谢！

由于编者水平有限，书中疏漏在所难免，欢迎广大读者批评指正。读者反馈邮箱：zz_dzyj@pub.hep.cn。

编 者

2020 年 6 月

第1版前言

本书是全国职业院校技能大赛备赛指导系列丛书之一，根据电梯维修保养赛项的比赛内容及相关知识点，按照"做、学、教一体化人才培养整体解决方案、任务引领、工作过程导向"的项目教学法的理念编写而成。

近年来我国产业结构的调整与社会结构的变化，以及城市化进程的加快，造成电梯维修保养专业人才的日益紧缺。而职业院校电梯专业人才（特别是中职层次的电梯维修保养人员）的培养远远不能满足社会对人才的需求。2012年全国职业院校技能大赛中职组"电梯维修保养"赛项的开设，引起社会各界特别是职教界对电梯专业人才需求状况的关注，对电梯今后作为一个中职专业进行建设并开发相关的教学文件和教学设备，促进人才培养模式与教学方法的改革创新，加快电梯维修保养高技能人才的培养，无疑将起到极为有力的推进作用。

本赛项的设置以及竞赛整体设计的基本思路，就是紧贴社会需求，从关注电梯安全出发，以技能大赛推动电梯人才的培养。实现专业教学的改革与创新，实现教学环境与工作环境、教学内容与工作实际、教学过程与岗位操作过程、教学评价标准与职业标准的对接，引领职业院校的专业、课程建设和教学改革。

因此，本书的编写思路是根据技能大赛的特点，在内容的层次上，突出工程技术应用的基础知识以及中高级技能型、应用型人才应该具备的电梯维修保养方面的知识与技能；在内容体系上，重点突出技能大赛的教育特色，在解决知识与技能、理论与实践、通用知识与专用知识的关系上进行合理、科学地处理与安排；在具体内容的选取上，重点选取技能大赛关键的知识与技巧，通过模拟真实的工作情境围绕电梯运行中常见的故障进行排除，使学生对电梯设备能够进行日常的维护保养。因此，本书对掌握竞赛要求、提高竞赛水平有较强的指导作用。

本书由李乃夫主编，温州市瓯海区职业中等专业学校陈碎芝编写项目1，广州市轻工职业学校周伟贤、余滨、朱光勇和广东省电梯技术学会曾伟胜编写项目2，广州市土地房产管理职业学校郑建文、朱锦明、何文中编写项目3，广东省清远市职业技术学校刘飞、陈路兴、杨国柱编写项目4，吴德骏、李乃夫及亚龙科技集团李波、杨英锐、陈晨编写附录1、附录2。本书由安徽职业技术学院程周主审，审者认真细致地审阅了全书并提出了许多宝贵的建议和意见。亚龙科技集团对本书的编写提供了相关资料及各方面的大力支持，广东省清远市职业技术学校汤洁齐副校长、袁建锋、陈锦文老师等给予了指导和帮助，在此一并表示衷心的感谢！

欢迎本书的使用者及同行提出意见或给予指正，以便修改完善。读者意见反馈邮箱：zz_dzyj@pub.hep.cn。

编　者

2012 年 10 月

目 录

项目 1　基本操作规范 ·· 1
　　任务 1.1　电梯维修保养的基本操作规范 ··································· 4
　　任务 1.2　机房的基本操作 ·· 12
　　任务 1.3　紧急救援 ·· 16
　　任务 1.4　进出轿顶 ·· 22
　　任务 1.5　进出底坑 ·· 30

项目 2　电梯电气故障的诊断与排除 ··· 41
　　任务 2.1　电气故障 1——电梯电源电路故障 ··························· 45
　　任务 2.2　电气故障 2——上限位开关损坏 ······························ 51
　　任务 2.3　电气故障 3——光幕故障（反馈回路断路） ··············· 56
　　任务 2.4　电气故障 4——下减速开关损坏 ······························ 60
　　任务 2.5　电气故障 5——门机故障（UVW 输出插头损坏） ······ 65
　　任务 2.6　电气故障 6——门锁电路故障 ································· 69

项目 3　电梯机械故障的诊断与排除 ··· 79
　　任务 3.1　机械故障 1——轿厢门传动带损坏 ··························· 81
　　任务 3.2　机械故障 2——层门地坎偏移 ································· 84
　　任务 3.3　机械故障 3——平层装置故障 ································· 88
　　任务 3.4　机械故障 4——轿厢门导轨变形 ······························ 95
　　任务 3.5　机械故障 5——门刀移位或损坏 ···························· 100
　　任务 3.6　机械故障 6——门锁滚轮损坏 ······························· 104

项目 4　电梯的维护保养 ·· 115
　　任务 4.1　维保任务 1——2 楼外呼按钮损坏 ························· 115
　　任务 4.2　维保任务 2——更换限速器钢丝绳 ························ 120
　　任务 4.3　维保任务 3——更换轿厢导靴靴衬 ························ 126
　　任务 4.4　维保任务 4——限速器 - 安全钳联动测试 ··············· 132
　　任务 4.5　维保任务 5——更换曳引钢丝绳的绳头组合 ············ 138

任务 4.6　维保任务 6——门旁路装置测试 ·· 145

项目 5　自动扶梯的维修保养 ·· 155
   任务 5.1　拆装梯级 ··· 157
   任务 5.2　检修盒公共按钮故障排除 ·· 166
   任务 5.3　梳齿板安全装置的维修保养 ·· 171

附录 ·· 179
   附录 1　电梯维修保养赛项赛题选录 ·· 179
   附录 2　电梯竞赛设备简介 ·· 189

参考文献 ·· 233

项目 1
基本操作规范

项目目标

本项目介绍电梯维修保养工作中的安全操作规范,包括机房通断电、盘车、进出轿顶和底坑等电梯维保基本操作的具体步骤和注意事项,培养规范操作的良好习惯,提高安全意识与职业素养。

项目必备知识

电梯行业概况与人才需求状况

一、电梯行业概况

自从世界上第一台电梯于1889年诞生以来,电梯(包括各类直梯、自动扶梯和自动人行道)已成为基础设施配套工程的重要组成部分,与国家经济建设尤其是基础设施建设以及人民生活质量的提高密切相关。近年来,随着人口增长、人口老龄化和城市化进程加快以及人民生活水平的提高,电梯作为城市立体交通工具和城市公共安全重要组成部分,得到了越来越广泛的使用。目前全世界的电梯市场,呈现发达国家和地区需求稳步增长、新兴市场需求快速增长的特征,每年电梯需求量保持5%~7%的增长速度。其主要原因,一是城镇化进程的加快,使基础设施建设、房地产业发展带来持续旺盛的需求(每10 000 m² 建筑的电梯需求量逐年稳步提升),在城镇土地资源越来越紧缺的情况下,建筑不断向高层发展。二是人口老龄化程度的提高,促进了各建筑的电梯配套需求。三是老旧电梯的淘汰和更新,以适应新的安全、节能、环保标准的要求,以及技术法规的更新和新的政策法规出台,其中涉及人身安全的强制性条款,导致部分原有电梯被强制报废。四是既有建筑加装电梯或建筑功能性改变,需要更新电梯设备,如我国在2019年发布的《住宅项目规范(征求意见稿)》,明确要求4层及4层以上的新建住宅建筑或住户入口层楼面距室外设计地面的高度超过9 m的新建住宅建筑应设电梯,且应在设有户门和公共走廊的每层设站;12层及12层以上的住宅建筑,每个居住单元设置电梯不应少于2台。《非住宅类居住建筑项目规范(征求意见稿)》也对各类建筑项目的电梯配备提出了相应的要求。城镇化与人口老龄化速度的加快,已被认为是推动电梯行业发展的主要动力。

二、我国电梯行业的发展概况

我国第一台电梯的安装是在 1907 年（第一台扶梯安装于 1935 年），到 1949 年，我国电梯拥有量仅 1 100 多台，而且还没有一台自己制造的电梯。

我国自己制造的第一台电梯诞生于 1952 年。从 1949 年到 1978 年的几十年间，我国电梯的生产总量为 1 万多台。我国电梯业的快速发展发生在改革开放以后，以年产量为例：1980 年全国的电梯年产量为 2 249 台，1986 年突破 1 万台，1998 年突破 3 万台，到 2014 年已超过 70 万台，2018 年为 85 万台，2019 年已达到 117.3 万台，如图 1-1 所示。

我国电梯保有量也逐年增加，且从 2011—2018 年的增长率均保持在 10% 以上。截至 2019 年底，国内电梯保有量达到 709.75 万台，如图 1-2 所示。

图 1-1　2000—2018 年我国电梯年产量

图 1-2　2011—2019 年我国电梯保有量和增长率

目前我国的电梯保有量、年产量和年增长量均居世界第一，已成为世界上电梯制造、销售和使用第一大国。预计 2019—2023 年我国电梯保有量增长率将保持在 10% 左右，到

2023年，我国电梯保有量将超过1 000万台，如图1-3所示。

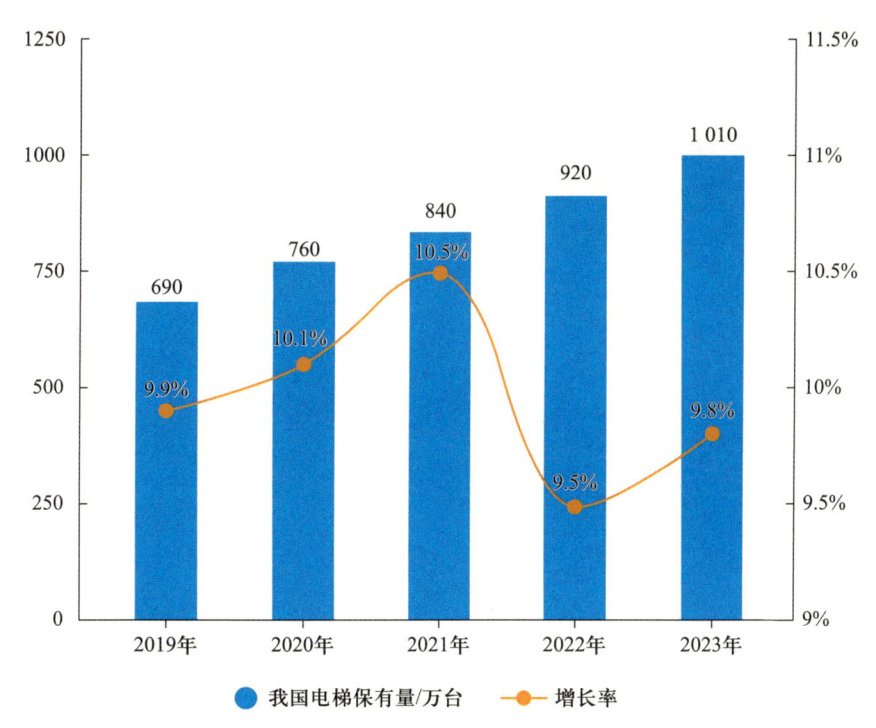

图1-3　2019—2023年我国电梯保有量和增长率预测

三、全球电梯行业的概况

在世界范围内，得益于近年来经济增长与基础设施建设加速，所需电梯数量增长较快。一些关于电梯行业的研究调查报告指出：电梯需求量增长最迅速的地区是发展中国家和地区，包括亚洲、拉丁美洲、东欧、非洲和中东。新兴发展中国家和地区经济增长强劲，其工业化、城市化进程拉动了当地对电梯的需求；中东地区和国家基础设施投资快速增长，也带动了电梯需求量快速增长。此外，随着电梯保有量的提高，老旧电梯的淘汰和更新需求也随之同步增长。例如某国家在其保有的45万台电梯中，绝大多数为20世纪70—80年代生产、安装，其中近一半的电梯与现行标准冲突，在可靠性、安全性等方面存在隐患，急需更新改造。预计未来全世界电梯产品和服务的需求量每年会增长5.6%。

四、行业人才需求状况

随着近年来大量的各类电梯投入使用，以及大量使用期达10年以上的电梯已进入故障高发期，电梯专业人才（特别是从事安装与维修保养工作的技能型人才）紧缺的问题已显得日益突出。据调查反映，目前国内受过专业系统训练、持有职业资格证的合格电梯专业人员尚不足所需人数的十分之一。电梯专业人员不足是影响电梯运行质量和安全的主要原因之一，许多电梯由于维护保养不当导致故障频发，而许多电梯事故也是由于缺乏及时、专业的处理才酿成巨大的财产和生命损失。因此，电梯专业人才（特别是安装与维保人员）在当今社会十分紧缺。

按照相关法律规定，电梯属于特种设备。电梯的维修保养工作必须遵循相关法律、法规和国家标准的要求，其操作过程必须符合有关标准规范，这是电梯维保从业人员必须明确树立的基本意识，遵章守纪、依规操作是电梯维保人员最基本的素质。全国职业院校技能大赛中职电梯维修保养赛项自设立以来，一直坚持依据电梯专业人才培养目标和培养规格，紧贴行业标准，结合国家职业资格技能鉴定大纲内容，按照职业及岗位技能要求，设计体现关键岗位能力的竞赛内容，通过在真实的环境中进行实训竞赛，提升学生的职业能力与职业素养。

任务 1.1　电梯维修保养的基本操作规范

【任务目标】

应知

1. 了解电梯维修保养工作的基本规定与要求。
2. 掌握电梯维保人员的安全操作规程。

应会

1. 能够正确、规范地进行电梯维修保养的基本操作。
2. 养成良好的安全意识与职业素养。

【知识准备】

一、电梯维修保养工作的基本规定与要求

1.《中华人民共和国特种设备安全法》的相关规定

第三十三条　特种设备使用单位应当在特种设备投入使用前或者投入使用后三十日内，向负责特种设备安全监督管理的部门办理使用登记，取得使用登记证书。登记标志应当置于该特种设备的显著位置。

第三十四条　特种设备使用单位应当建立岗位责任、隐患治理、应急救援等安全管理制度，制定操作规程，保证特种设备安全运行。

第三十五条　特种设备使用单位应当建立特种设备安全技术档案。安全技术档案应当包括以下内容：

（一）特种设备的设计文件、产品质量合格证明、安装及使用维护保养说明、监督检验证明等相关技术资料和文件；

（二）特种设备的定期检验和定期自行检查记录；

（三）特种设备的日常使用状况记录；

（四）特种设备及其附属仪器仪表的维护保养记录；

（五）特种设备的运行故障和事故记录。

第三十六条　电梯、客运索道、大型游乐设施等为公众提供服务的特种设备的运营使用单位，应当对特种设备的使用安全负责，设置特种设备安全管理机构或者配备专职的特种设备安全管理人员；其他特种设备使用单位，应当根据情况设置特种设备安全管理机构或者配备专职、兼职的特种设备安全管理人员。

……

第三十九条　特种设备使用单位应当对其使用的特种设备进行经常性维护保养和定期自行检查，并作出记录。

特种设备使用单位应当对其使用的特种设备的安全附件、安全保护装置进行定期校验、检修，并作出记录。

第四十条　特种设备使用单位应当按照安全技术规范的要求，在检验合格有效期届满前一个月向特种设备检验机构提出定期检验要求。

特种设备检验机构接到定期检验要求后，应当按照安全技术规范的要求及时进行安全性能检验。特种设备使用单位应当将定期检验标志置于该特种设备的显著位置。

未经定期检验或者检验不合格的特种设备，不得继续使用。

第四十一条　特种设备安全管理人员应当对特种设备使用状况进行经常性检查，发现问题应当立即处理；情况紧急时，可以决定停止使用特种设备并及时报告本单位有关负责人。

特种设备作业人员在作业过程中发现事故隐患或者其他不安全因素，应当立即向特种设备安全管理人员和单位有关负责人报告；特种设备运行不正常时，特种设备作业人员应当按照操作规程采取有效措施保证安全。

第四十二条　特种设备出现故障或者发生异常情况，特种设备使用单位应当对其进行全面检查，消除事故隐患，方可继续使用。

……

第四十五条　电梯的维护保养应当由电梯制造单位或者依照本法取得许可的安装、改造、修理单位进行。

电梯的维护保养单位应当在维护保养中严格执行安全技术规范的要求，保证其维护保养的电梯的安全性能，并负责落实现场安全防护措施，保证施工安全。

电梯的维护保养单位应当对其维护保养的电梯的安全性能负责；接到故障通知后，应当立即赶赴现场，并采取必要的应急救援措施。

第四十六条　电梯投入使用后，电梯制造单位应当对其制造的电梯的安全运行情况进行跟踪调查和了解，对电梯的维护保养单位或者使用单位在维护保养和安全运行方面存在的问题，提出改进建议，并提供必要的技术帮助；发现电梯存在严重事故隐患时，应当及时告知电梯使用单位，并向负责特种设备安全监督管理的部门报告。电梯制造单位对调查和了解的情况，应当作出记录。

【相关链接】

《中华人民共和国特种设备安全法》简介

"特种设备"包括锅炉、压力容器、压力管道、电梯、起重机械、客运索道、大型游乐设施、场（厂）内专用机动车辆等。这些设备一般具有在高压、高温、高空、高速条件下运行的特点，易燃、易爆、易发生高空坠落等，对人身和财产安全有较大危险性。

《中华人民共和国特种设备安全法》由中华人民共和国第十二届全国人民代表大会常务委员会第3次会议于2013年6月29日通过，2013年6月29日公布。《中华人民共和国特种设备安全法》分总则，生产、经营、使用，检验、检测，监督管理，事故应急救援与调查处理，法律责任和附则共7章101条，自2014年1月1日起施行。

《中华人民共和国特种设备安全法》突出了特种设备生产、经营、使用单位的安全主体责任，明确规定：在生产环节，生产企业对特种设备的质量负责；在经营环节，销售和出租的特种设备必须符合安全要求，出租人负有对特种设备使用安全管理和维护保养的义务；在事故多发的使用环节，使用单位对特种设备使用安全负责，并负有对特种设备的报废义务，发生事故造成损害的依法承担赔偿责任。

2.《电梯维护保养规则》的相关规定

《电梯维护保养规则》（TSG T5002—2017）对电梯的维修保养主要有以下规定：

第四条 电梯维保单位应当在依法取得相应的许可后，方可从事电梯的维保工作。

第五条 维保单位应当履行下列职责：

（一）按照本规则、有关安全技术规范以及电梯产品安装使用维护说明书的要求，制定维保计划与方案；

（二）按照本规则和维保方案实施电梯维保，维保期间落实现场安全防护措施，保证施工安全；

（三）制定应急措施和救援预案，每半年至少针对本单位维保的不同类别（类型）电梯进行一次应急演练；

（四）设立24小时维保值班电话，保证接到故障通知后及时予以排除；接到电梯困人故障报告后，维保人员及时抵达所维保电梯所在地实施现场救援，直辖市或者设区的市抵达时间不超过30分钟，其他地区一般不超过1小时；

（五）对电梯发生的故障等情况，及时进行详细地记录；

（六）建立每台电梯的维保记录，及时归入电梯安全技术档案，并且至少保存4年；

（七）协助电梯使用单位制定电梯安全管理制度和应急救援预案；

（八）对承担维保的作业人员进行安全教育与培训，按照特种设备作业人员考核要求，组织取得相应的《特种设备作业人员证》，培训和考核记录存档备查；

（九）每年度至少进行一次自行检查，自行检查在特种设备检验机构进行定期检验之前进行，自行检查项目及其内容根据使用状况确定，但是不少于本规则年度维保和电梯定期检验规定的项目及其内容，并且向使用单位出具有自行检查和审核人员的签字、加盖维保单位公章或者其他专用章的自行检查记录或者报告；

（十）安排维保人员配合特种设备检验机构进行电梯的定期检验；

（十一）在维保过程中，发现事故隐患及时告知电梯使用单位；发现严重事故隐患，及时向当地特种设备安全监督管理部门报告。

第六条 电梯的维保项目分为半月、季度、半年、年度等四类，各类维保的基本项目（内容）和要求分别见附件 A 至附件 D。维保单位应当依据各附件的要求，按照安装使用维护说明书的规定，并且根据所保养电梯使用的特点，制定合理的维保计划与方案，对电梯进行清洁、润滑、检查、调整，更换不符合要求的易损件，使电梯达到安全要求，保证电梯能够正常运行。现场维保时，如果发现电梯存在的问题需要通过增加维保项目（内容）予以解决的，维保单位应当相应增加并且及时修订维保计划与方案。当通过维保或者自行检查，发现电梯仅依据合同规定的维保内容已经不能保证安全运行，需要改造、修理（包括更换零部件）、更新电梯时，维保单位应当书面告知使用单位。

第七条 维保单位进行电梯维保，应当进行记录。记录至少包括以下内容：

（一）电梯的基本情况和技术参数，包括整机制造、安装、改造、重大修理单位名称，电梯品种（型式），产品编号，设备代码，电梯型号或者改造后的型号，电梯基本技术参数（内容见第八条）；

（二）使用单位、使用地点、使用单位内编号；

（三）维保单位、维保日期、维保人员（签字）；

（四）维保的项目（内容），进行的维保工作，达到的要求，发生调整、更换易损件等工作时的详细记载。维保记录应当经使用单位安全管理人员签字确认。

第八条 维保记录中的电梯基本技术参数主要包括以下内容：

（一）曳引与强制驱动电梯（包括曳引驱动乘客电梯、曳引驱动载货电梯、强制驱动载货电梯），为驱动方式、额定载重量、额定速度、层站门数；

……

（四）自动扶梯与自动人行道（包括自动扶梯、自动人行道），为倾斜角、名义速度、提升高度、名义宽度、主机功率、使用区段长度（自动人行道）。

【相关链接】

电梯维修保养依据的主要国家标准和规定

1.《电梯制造与安装安全规范》（GB 7588-2003/XG1—2015）

2.《电梯安装验收规范》（GB/T 10060—2011）

3.《自动扶梯和自动人行道的制造与安装安全规范》（GB 16899—2011）

4.《电梯技术条件》（GB/T 10058—2009）

5.《电梯试验方法》(GB/T 10059—2009)

6.《电梯、自动扶梯、自动人行道术语》(GB/T 7024—2008)

7.《电梯维护保养规则》(TSG T5002—2017)

8.《电梯监督检验和定期检验规则》(TSG T7003—2011)

二、电梯维修人员的安全操作规程

1. 电梯维修人员一般安全规定

(1) 电梯维修人员应当取得相应的特种设备作业人员资格证书。

(2) 电梯维修保养时,不得少于两人;工作时必须严格按照安全操作规程,严禁酒后操作;工作中不准闲谈打闹。

(3) 应按照规定穿着工作服、头戴安全帽、脚穿防滑电工鞋(如图1-4所示)。在工作前应先检查自己劳保用品及携带工具有无问题,无问题后,才可穿戴及携带。

(4) 电梯在维修保养时,绝不允许载客或装货。

(5) 正确、安全使用电梯维修保养常用的工、量具及设备,熟悉吊装、拆卸的相关安全规定。

(6) 必须掌握事故发生后的处理程序;熟练掌握触电急救方法,掌握防火知识和灭火常识,掌握电梯发生故障而停梯时援救被困乘客的方法。

2. 维修保养作业前的安全准备工作

(1) 维修保养人员在进行工作之前,必须身穿工作服、头戴安全帽、脚穿防滑电工鞋。如果在垂直电梯的轿厢顶工作或在井道内距离井道底超过2 m工作,扶梯距离地面超过2 m的两侧外裙板工作,都要系好安全带,如图1-4所示。

(2) 在作业前,必须在维修保养的电梯基站和相关层站门口处放置警戒线和警示牌,防止在作业时无关人员进入,如图1-5所示。

图1-4 工作前的准备　　图1-5 放置警戒线和警示牌

（3）让无关人员离开轿厢或其他维保工作场地，关好层门，不能关闭层门时，需用合适的护栅挡住入口处，以防无关人员进入电梯。

维修保养作业前的安全准备工作见表1-1。

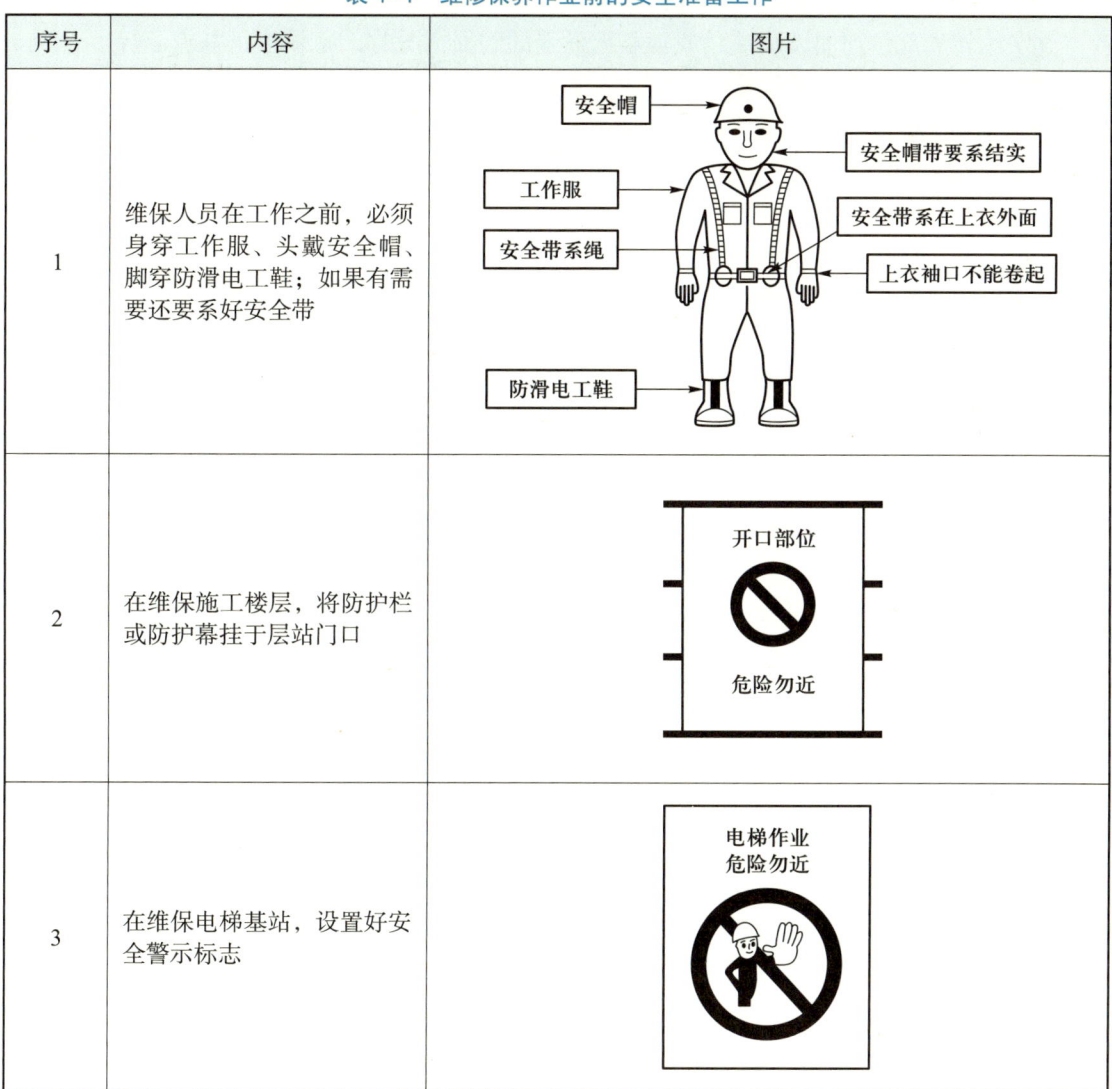

表1-1 维修保养作业前的安全准备工作

序号	内容	图片
1	维保人员在工作之前，必须身穿工作服、头戴安全帽、脚穿防滑电工鞋；如果有需要还要系好安全带	（安全帽、工作服、安全带系绳、防滑电工鞋；安全帽带要系结实、安全带系在上衣外面、上衣袖口不能卷起）
2	在维保施工楼层，将防护栏或防护幕挂于层站门口	开口部位 危险勿近
3	在维保电梯基站，设置好安全警示标志	电梯作业 危险勿近

3. 维修作业当中的安全规定

（1）电梯维修保养时，一般不准带电作业，若必须带电作业，应有监护人，并有可靠的安全措施。

（2）在对电气设备进行检测时，要求送电操作流程符合规范，停送电警示牌悬挂和使用正确；通电前应检查设备电源线路是否安全可靠，有无线头悬空未接等情况，若存在安全隐患则视为不具备通电条件，不准许上电运行。

（3）维修时不得擅改线路，必要时向主管工程师或主管领导报告，同意后才能改动，并应保存更改记录并归档。

（4）禁止维修人员用手拉、吊井道的电梯电缆。

（5）使用的手持行灯必须采用带护罩、使用安全电压的安全灯。

（6）给转动部位加油、清洗，或观察钢丝绳的磨损情况时，必须停止电梯运行。

（7）一个人在轿顶上做检修工作时，必须按下轿顶检修箱上的急停按钮，或扳动安全钳的联动开关，关好层门，在操纵箱上挂"人在轿顶，不准乱动"的标牌。

（8）在轿顶上工作时，应选择好站立的部位，脚下不得有油污，否则应打扫干净，以防滑倒。禁止一只脚在轿顶，另一只脚在井道固定站立操作；以及两只脚分别站在轿顶与层门上坎之间，或层门上坎与轿厢踏板之间进行维修操作；禁止在层门口探身到轿厢内和轿顶上操作；禁止未按急停按钮或踩踏轿顶门机、上梁和底坑缓冲器等违反职业操作规程与安全操作规范的行为。

（9）在轿顶上准备开动电梯以观察有关电梯部件的工作情况时，必须站好扶稳。不能扶、抓运行部件，并注意整个身体置于轿厢外框尺寸之内，防止被其他部件碰伤；应遵守应答制度。

（10）在当轿顶或底坑有人时，不允许在机房进行紧急电动操作移动轿厢。

（11）进入底坑应按下底坑急停按钮，进入井道底坑点亮照明灯后，方可进行电梯的维护保养工作，并在层站挂上警示牌；底坑有人时，不能用正常和检修方式移动电梯轿厢。

（12）手动盘车时，必须切断电梯总电源，两个人同时配合操作。

（13）维修作业间隙需暂时离开现场时，应有以下安全措施。

① 关好各层门，一时关不上的必须设置明显障碍，并在该层门口悬挂"危险""切勿靠近"警示牌。

② 切断电梯总电源开关。

③ 切断热源如喷灯、电烙铁、电焊机和强光灯等。

④ 必要时应设专人值班。

（14）禁止在井道内和轿顶上吸烟。

4. 维保作业结束后应进行的工作

（1）检修工作结束，维修人员离开时，必须关闭所有层门，关不上门的要设置明显障碍物。

（2）将所有开关恢复到正常状态，清理现场摘除警示牌，试运行正常后才能交付使用。

（3）收集清点工具材料，清理并打扫工作现场。

（4）填写维修保养记录。

【工作步骤】

步骤一：实训准备

先由指导教师对电梯维修保养安全操作规程进行简单介绍。

步骤二：学习电梯维保安全操作规程

学生以2人为一组，在指导教师的带领下学习进行电梯维保作业前的准备工作：包括穿着工作服，戴安全帽，穿防滑电工鞋，系安全带（在此后的电梯维修与保养实训中，是否需要系安全带可视具体项目而定），放置警戒线护栏和安全警示牌等。将学习情况记录于表1-2中。

表1-2 电梯维保作业前准备工作记录表

序号	步骤	相关记录（如操作要领）
1		
2		
3		
4		
5		
6		
7		
8		

步骤三：总结和讨论

学生分组讨论：

1. 学习电梯维保安全操作规程的收获与记录。
2. 可相互叙述操作方法，再交换角色进行。

【任务小结】

本任务介绍了电梯安全操作规范，包括电梯维修保养工作的一些基本规定和要求，电梯维修保养工作前的安全准备工作（包括放置警戒线、警示牌，穿工作服，戴安全帽、安全带，穿电工绝缘鞋等），以及在维保作业中的一些具体的安全规定。在从事电梯的维修保养工作中：

1. 电梯操作人员需经安全技术培训，并考试合格，取得国家统一格式的特种设备作业人员资格证书，方可上岗，无特种设备作业人员资格证书不得操作电梯。

2. 确保电梯在使用和维保过程中人身和设备安全是首要职责；养成良好的工作习惯和安全意识，确保操作规范符合要求，这是培养良好的职业素养的基础。

3. 要逐步学习掌握电梯安全操作的一些基本规定和要求。

任务 1.2　机房的基本操作

【任务目标】

应知

掌握电梯断电、挂牌、上锁的具体操作要求与要领。

应会

1. 能够正确操作电梯的通、断电。
2. 能够对电梯进行断电、挂牌、上锁。
3. 初步养成安全操作的规范行为。

【知识准备】

电梯的机房

1. 电梯机房的配置

电梯机房一般在井道的顶部，机房内部配置如图 1-6 所示，机房内的主要设备有曳引机、限速器、控制柜及其线槽、线管，以及用于救援的设备等。电梯的机房门要加锁，并标明"机房重地、闲人免进"等警示语，如图 1-7 所示。

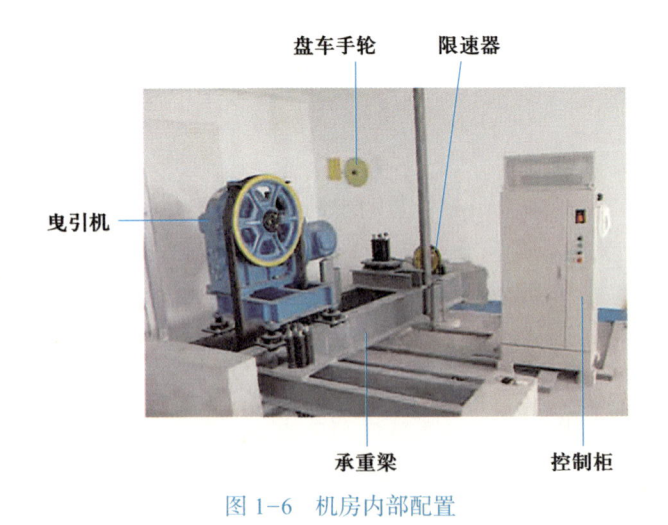

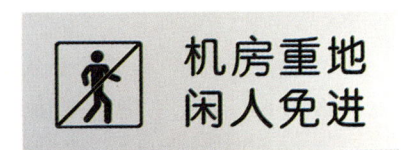

图 1-6　机房内部配置

图 1-7　机房门口警示牌

2. 电梯的电源

以 YL-777 型教学电梯（后文简称为"YL-777 型电梯"）为例，电梯的供电电源为三相五线 380 V/50 Hz，照明电源为交流单相 220 V/50 Hz，电压波动范围在 ±7% 左右。机房内设一只配电箱，一般由电源总开关、井道照明开关、轿厢照明开关和井道照明双控开关等构成，如图1-8所示。

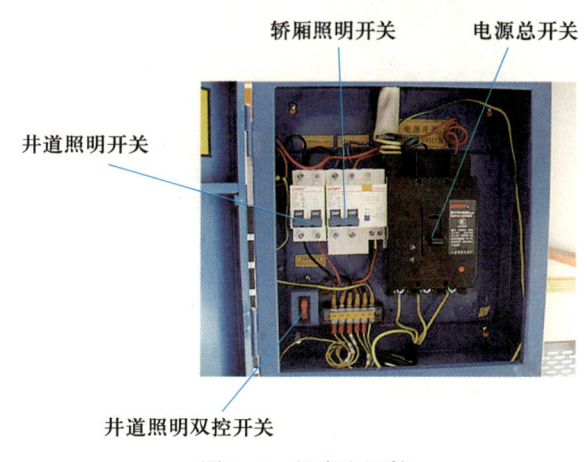

图1-8 机房电源箱

（1）电源总开关

每台电梯都单独装设一只能切断该电梯所有供电电路的电源开关，该开关应具有切断电梯正常使用情况下最大电流的能力。

（2）轿厢照明开关和井道照明开关

分别控制轿厢和井道照明。

【工作步骤】

步骤一：实训准备

1. 实训前先由指导教师进行安全与规范操作讲解。
2. 按照学习任务1.1中的规范要求做好实训前的准备工作。

步骤二：通电运行

开机时请先确认操纵箱、机房配电箱、底坑检修箱的所有开关置于正常位置，并告知其他人员，然后按以下顺序合上各电源开关。

（1）合上机房配电箱内的三相动力电源开关（AC380 V，电源总开关）。

（2）合上轿厢照明开关（AC220 V）。

（3）将机房配电箱内的断路器开关置于ON位置。

步骤三：断电、挂牌、上锁

1. 侧身断电

操作者站在配电箱侧边，先提醒周围人员注意避开，然后确认开关位置，伸手握住开关，偏转头部，眼睛不看开关，然后拉闸断电，如图1-9所示。

图 1-9　侧身断电

2. 确认断电

验证电源是否被完全切断。用万用表对主电源相与相之间、相与对地之间进行验证，确认断电后，再对配电箱中的主电源线进行验证，如图 1-10 所示。

3. 挂牌、上锁

确认完成断电工作后，挂上"维修中"警示牌，将配电箱锁上，就可以安全地开展工作了，如图 1-11 所示。

图 1-10　确认断电　　　　　　图 1-11　挂牌、上锁

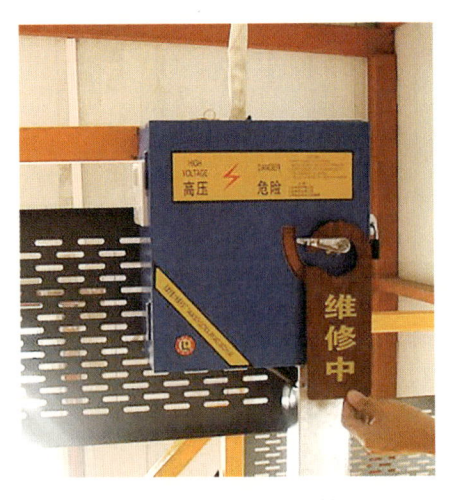

步骤四：记录与讨论

1. 将机房的基本操作的步骤与要点记录于表 1-3 中。

表 1-3　机房的基本操作记录表

序号	步骤	相关记录（如操作要领）
1		
2		
3		
4		
5		
6		
7		
8		

2. 学生分组讨论：
（1）学习机房操作的要领与体会。
（2）可相互叙述操作方法，再交换角色进行。

【相关链接】

机房安全操作注意事项

1. 进入机房的时候，打开机房照明。
2. 严禁在曳引机运转的情况下进行维修保养。
3. 切记不能用抹布擦拭曳引绳，抹布可能会被破损的曳引绳挂住，造成人体卷进绳轮或缆绳保护器之中。
4. 在检修电气设备和线路时，必须在断开电源的情况下进行；如需带电作业，必须按照带电操作安全规程操作；保证接地装置良好。
5. 在对带电控制柜进行检验或在其附近作业的时候，要集中精神，注意安全。
6. 在调整抱闸时，应严格按照说明书的要求进行制动器的维护保养。
7. 机房检修时应确认电梯轿门和所有层门已关闭，且只能用检修模式操作电梯轿厢运行。
8. 当需要进行手动盘车时，必须先断开电源。
9. 电梯运转的时候，千万不可对旋转编码器等速度反馈器件进行调整或测试。
10. 在进行挂牌上锁程序前，必须确定操作者身上无外露的金属件，以防触电。
11. 进行挂牌、上锁后，钥匙必须本人保管，不得给他人。
12. 完成工作后，由上锁者本人分别开启自己的锁具。如果是2个或2个以上的人员同时挂牌、上锁，一般由最后开锁的人进行恢复。

【任务小结】

电梯的通电断电是操作电梯的基本动作,虽然操作简单,但必须严格按照操作规程和工艺准则。在断开主电源开关时必须侧身操作,同时确认断电后应该用万用表进行验证,以保证人员和设备的安全。

任务 1.3　紧 急 救 援

【任务目标】

应知

掌握紧急救援的操作步骤和要领。

应会

1. 学会识读平层标志。
2. 掌握盘车救人的规范操作。
3. 养成安全操作的规范行为。

【知识准备】

一、电梯的救援

电梯因突然停电或发生故障而停止运行,若轿厢停在层距较大的两层之间或蹲底、冲顶时,乘客会被困在轿厢中。为救援乘客,电梯均设有紧急救援装置,该装置可使轿厢慢速移动,从而达到救援被困乘客的目的。

1. 紧急电动运行控制

对提升装有额定载重量的轿厢所需力大于 400 N 的电梯驱动主机,其机房应设置一个符合要求的紧急电动运行开关。

YL-777 型电梯紧急电动运行控制电路如图 1-12 所示。

（1）转动紧急电动开关。

（2）JDD 继电器吸合,短接 03 A—107（安全开关:上极限开关、下极限开关、缓冲器开关、限速器开关、安全钳开关）。

2. 手动紧急救援装置

当移动额定载重量的轿厢所需的操作力不大于 400 N 时,通常采用手动紧急救援,包括人工松闸和盘车两个相互配合的操作,所以操作装置也包括人工松闸装置（松闸扳手）和手动盘车装置（盘车手轮）,如图 1-13（a）所示。一般盘车手轮漆成黄色,松闸扳手漆成

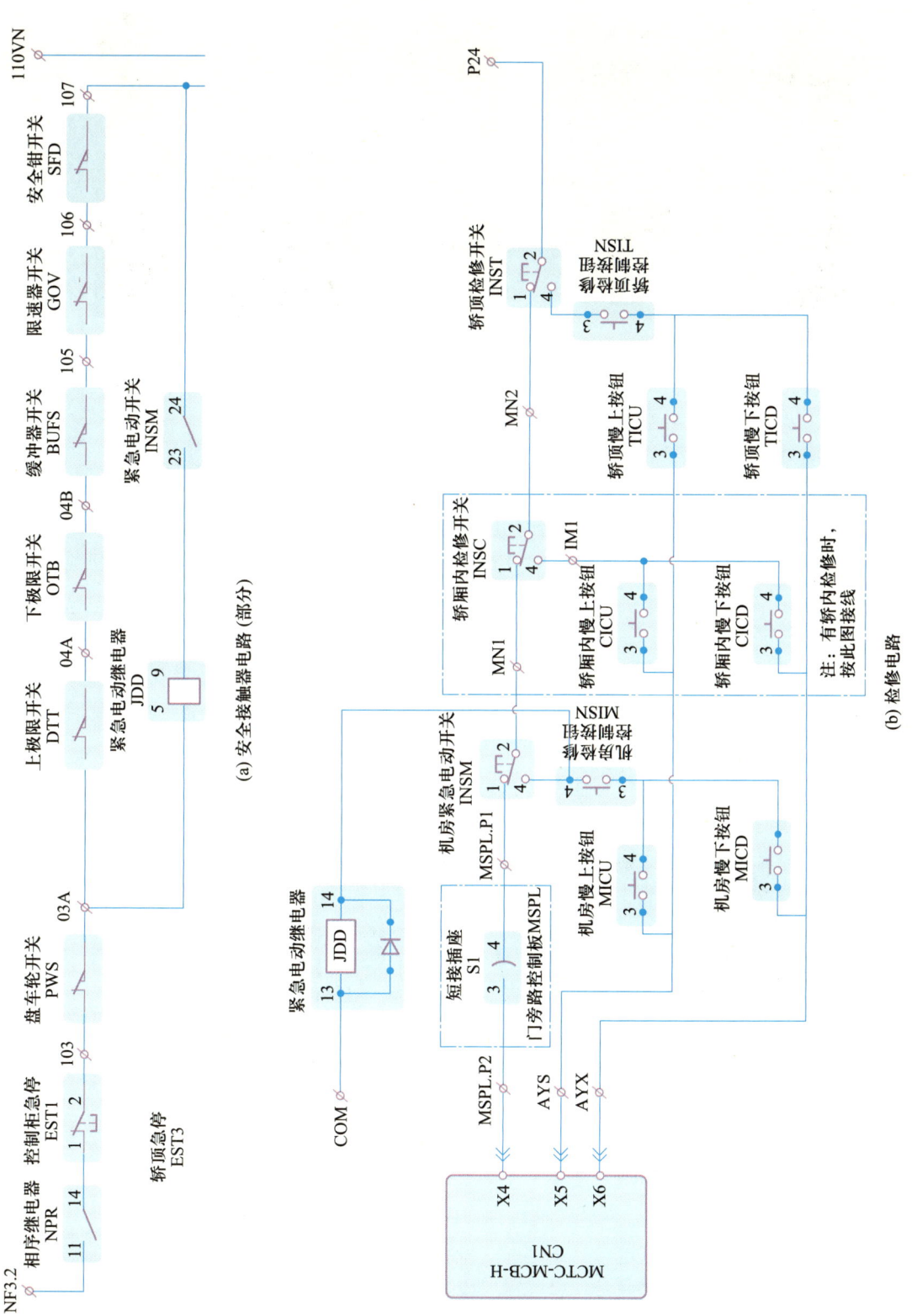

图 1-12 YL-777 型电梯紧急电动运行控制电路

(a) 手动紧急救援装置 　　　　　　　　(b) 人工紧急开锁装置

图 1-13　手动紧急救援装置和人工紧急开锁装置

红色，挂在附近的墙上，紧急需要时随手可以拿到。

3. 人工紧急开锁装置

为应急需要，在层门外借助三角钥匙孔可将层门打开，相关装置称为人工紧急开锁装置，如图 1-13（b）所示。在无开锁动作时，人工紧急开锁装置应自动复位，不能仍保持开锁状态。

二、平层标记

为使操作时知道轿厢的位置，机房内必须有层站指示。最简单的方法就是在曳引绳上用油漆做标记，同时将标记对应的层站写在机房操作地点的附近。电梯从第一站到最后一站，每楼层用二进制编码表示，在机房曳引机钢丝绳上用红漆或者黄漆表示出来，这就是平层标记，如图 1-14（a）所示；而且要在机房张贴平层标记说明，如图 1-14（b）所示。

(a) 平层标记 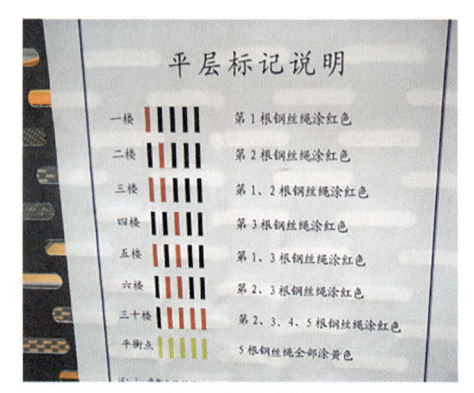　　　　　　　　(b) 平层标记说明

图 1-14　平层标记

钢丝绳标志查看方法：靠近"平层区域"字样的曳引钢丝绳开始，按 1、2、3 依次排序，按照 8421 码的编码规则确定电梯的楼层数（8421 码的编码原则是左起第一位是 1、第二位

是 2、第三位是 4、第四位是 8）。确定楼层数时只要按每位代表的数值相加，得到的数值就是楼层数。例如：如果只有第一根涂有油漆，由于第一位表示 1，则表示电梯在 1F；只有第二根涂有油漆，第二位表示是 2，则表示电梯在 2F；第一根和第二根都涂有油漆，则表示电梯在 1F + 2F = 3F；第一根和第三根涂有油漆则表示电梯在 5F；第一、二、三根都有油漆，则表示电梯在 7F。依次计算便可以得出楼层实际位置。

【工作步骤】

步骤一：实训准备

1. 实训前先由指导教师进行安全与规范操作讲解。
2. 按照学习任务 1.1 中的规范要求做好进行维保前的准备工作。

步骤二：盘车操作步骤

1. 切断电源

切断主电源并挂牌、上锁（如图 1-15 所示，保留照明电源），并告知轿厢内人员。

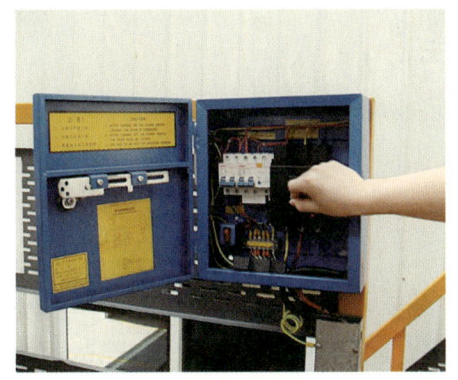

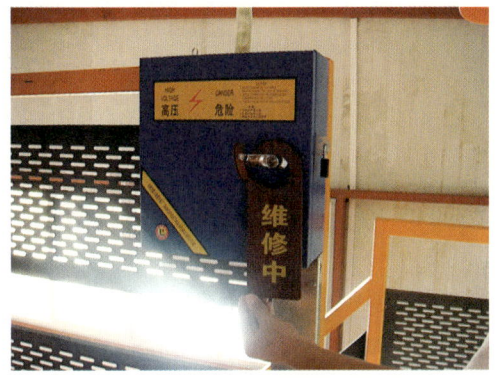

(a)切断主电源　　　　　(b)挂牌、上锁

图 1-15　切断电源

2. 确定轿厢位置和盘车方向

是否超过最近的楼层平层位置 0.3 m，当超过时须松闸盘车。方法一：查看平层标记；方法二：在被困楼层用钥匙稍微打开层门确认。

3. 松闸盘车

若电梯轿厢与平层位置相差超过 0.3 m 时，进行如下操作：

（1）维修人员迅速赶往机房，断开电梯总电源，根据平层图的标示判断电梯轿厢所处楼层。

（2）取下盘车轮开关盖，如图 1-16（a）所示；取下挂在附近的盘车手轮和松闸扳手，如图 1-16（b）、(c) 所示。

(a) 取下盘车轮开关盖 　　　　　　　　　(b) 取下盘车手轮

(c) 取下松闸扳手

图 1-16　取下盘车工具

（3）一人安装盘车手轮，如图 1-17（a）所示，将盘车手轮上的小齿轮与曳引机的大齿轮啮合。在确认盘车手轮上的小齿轮与曳引机的大齿轮啮合后，另一人用松闸扳手对抱闸施加均匀压力，使制动器张开。操作时，应两人配合口令，(松、停)断续操作，使轿厢慢慢移动，直到轿厢到达最近楼层平层位置，如图 1-17（b）所示。

(a) 安装盘车手轮 　　　　　　　　　　(b) 两人配合盘车

图 1-17　盘车操作

注意：盘车操作人员在盘车过程时，绝对不能两手同时离开盘车手轮，同时两脚应站稳。

（4）用层门开锁钥匙打开电梯层门和轿厢门，并引导乘客有序地离开轿厢。

（5）重新关好层门和轿厢门。

（6）电梯没有排除故障前，应在层门处设置禁用电梯的警示牌。

4. 电梯轿厢与平层位置相差在 0.3 m 以内

若电梯轿厢与平层位置相差在 0.3 m 以内时，进行上述（4）~（6）的操作。

5. 恢复

当所有乘客撤离后，必须把层门和轿厢门重新关闭，在机房将松闸扳手、盘车手轮放回原位，将钥匙交回原处并登记。

步骤三：记录与讨论

1. 将紧急救援的步骤与要点记录于表 1–4 中。

表 1–4 紧急救援记录表

序号	步骤	相关记录（如操作要领）
1		
2		
3		
4		
5		
6		
7		
8		
9		
10		

2. 学生分组（可按盘车时的配对，两人为一组）讨论：

（1）学习盘车操作的收获与体会。

（2）可相互叙述操作方法，再交换角色进行。

【相关链接】

盘车操作注意事项

1. 确保层门、轿厢门关闭，切断主电源开关。通知轿厢内人员不要靠近轿厢门，注意安全。

2. 机房盘车时，必须至少两人配合作业，一人盘车，另一人松闸，通过监视钢丝绳上的楼层标记识别轿厢是否处于平层位置。

3. 用层门钥匙开启层门，层门先打开的宽度应在 10 cm 以内，向内观察，证实轿厢在该楼层，检查轿厢地坎与楼层地面间的上下差距。确认上下间距不超过 0.3 m 时，才可打开轿厢疏散被困的乘客。

4. 待电梯故障处理完毕，试车正常后才可恢复电梯运行。

【任务小结】

进行盘车操作需要两人相互配合。在确认主电源被切断后，一人将盘车手轮上的小齿轮与曳引机的大齿轮啮合，然后由另一人用松闸扳手将制动器轻轻打开，一人盘车，直至平层，用层门钥匙打开层门、轿厢门，将乘客疏散。注意：只有需要轿厢移动时，才可松开抱闸，否则应马上撤消松闸的动作。

任务 1.4 进 出 轿 顶

【任务目标】

应知

掌握进出轿顶的操作规范要领。

应会

1. 能按正确步骤进入轿顶。
2. 能在轿顶安全检修运行电梯。
3. 能按正确步骤退出轿顶。
4. 养成安全操作的规范行为。

【知识准备】

电梯的轿顶及其相关装置

1. 轿顶

轿顶结构如图 1-18 所示。在安装、检修和营救时，轿（厢）顶有时需要站人。国家有关技术标准规定，轿顶在承受 3 个携带工具的检修人员（每人以 100 kg 计）时，其弯曲挠度应不大于跨度的 1/1 000。

此外，在轿顶上应有一块不小于 0.12 m² 的站人用的净面积，其小边长度至少应为 0.25 m。同时轿顶还应设置排气风扇以及检修开关、急停按钮和电源插座，以供检修人员在轿顶上工作时使用。轿顶靠近对重的一面应设置防护栏杆，其高度应不超过轿厢的高度。

图 1-18 轿顶结构

2. 急停开关

急停开关是能断开控制电路使电梯轿厢停止运行的开关,如图 1-19 所示。当遇到紧急情况或在轿顶、底坑、机房等处检修电梯时,将急停开关按下,可以切断控制电源以保证安全。急停开关应有明显的标志,按钮应为红色,旁边标以"停止""复位"的字样。

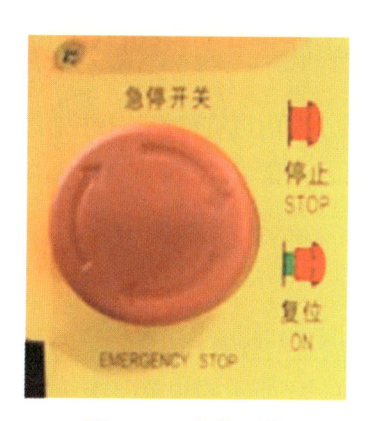

图 1-19 急停开关

急停开关分别设置在轿顶操纵箱上、底坑内和机房控制柜壁上及滑轮间。有的电梯轿厢操作盘(箱)上也设有此开关。

轿顶的急停开关应面向轿厢门,与轿厢门距离不大于 1 m。底坑的急停开关应安装在进入底坑可立即触及的地方。当底坑较深时可以在下底坑时的梯子旁和底坑下部各设一个串联的急停开关,在开始下底坑时即可将上部的急停开关按下,进入底坑后再按下下部的急停开关。

3. 轿顶检修运行控制

为了便于检修和维护,轿顶安装有一个易于接近的检修运行控制装置,如图 1-20 所示。检修运行控制装置包括一个检修转换开关(检修开关),操纵运行的方向、公共和急停开关。

检修转换开关应是符合电气安全触点要求的双稳态开关,有防误操作的措施,开关的"检修"和"正常"运行位置应有标识。

图 1-20 轿顶检修运行控制装置

操纵运行的方向开关应有防误动作的保护,并标明方向。为防止误动作,轿顶检修运行控制装置设有 3 个开关,分别是"上行""下行""公共"。操纵时方向按钮必须与中间的"公共"按钮同时按下才有效。

如果轿顶以外的部位如机房、轿厢内也有检修运行控制装置,必须保证轿顶的检修转换开关优先,即当轿顶检修转换开关处于检修运行位置时,其他地方的检修运行控制装置全部失效。

【工作步骤】

步骤一:实训准备

1. 实训前先由指导教师进行安全与规范操作讲解。
2. 按照学习任务 1.1 以及图 1-21 所示的规范要求做好实训前的准备工作。

图 1-21 放置警戒线护栏和安全警示牌

步骤二：进入轿顶

1. 按电梯外呼按钮将电梯呼到要上轿顶的楼层，如图 1-22 所示。然后在轿厢内选下一层指令，将电梯停到下一层或便于上轿顶的位置（当楼层较高时），如图 1-23 所示。

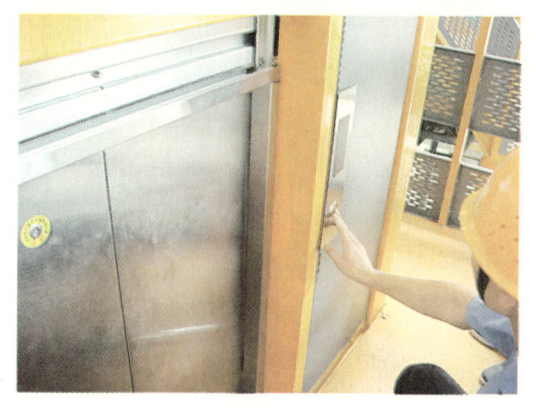

图 1-22　按电梯外呼按钮

图 1-23　内选下一层

2. 当电梯运行到适合进出轿顶的位置。用层门钥匙打开层门，在 100 mm 处放置顶门器，如图 1-24 所示。按电梯外呼按钮测试层门门锁是否有效，如图 1-25 所示。

图 1-24　放置顶门器

图 1-25　按电梯外呼按钮

3. 操作者重新打开层门，再次放置顶门器，如图 1-26 所示。站在层门地坎处，侧身按下急停开关（如图 1-27 所示），打开轿顶照明灯（如图 1-28 所示）。取出顶门器，关闭层门，按外呼按钮测试急停开关是否有效。

4. 打开层门，放置顶门器，将检修转换开关旋至检修位置，如图 1-29 所示。然后将急停开关复位，取下顶门器，关闭层门，按外呼按钮（如图 1-30 所示），验证检修转换开关是否有效。

项目 1　基本操作规范

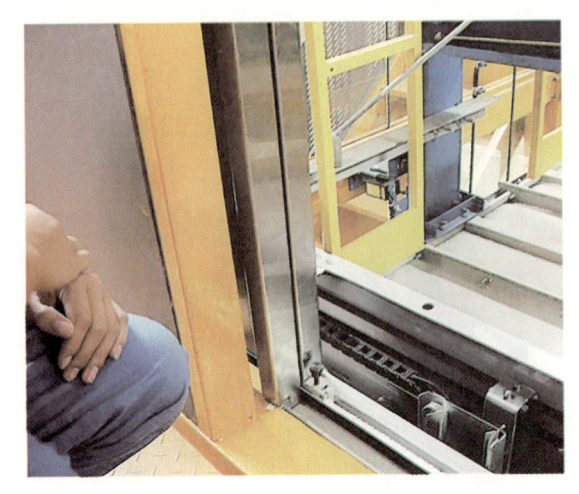

图 1-26　再次放置顶门器

图 1-27　侧身按下急停按钮

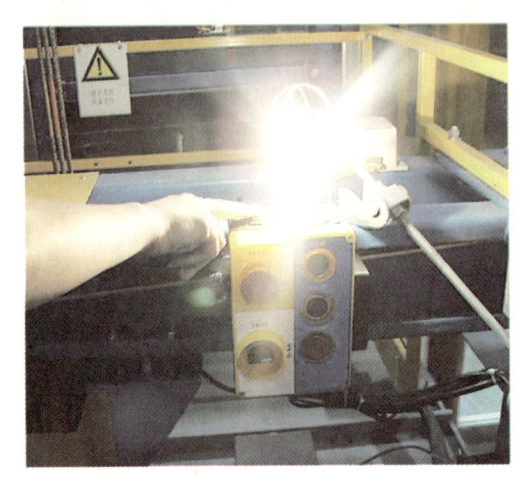

图 1-28　打开轿顶照明灯

图 1-29　将检修开关旋至检修位置

图 1-30　按外呼按钮验证检修转换开关

5. 打开层门，放置顶门器，按下急停开关，进入轿顶。站在轿顶安全、稳固、便于操作检修转换开关的地方。取出顶门器，关闭层门。

6. 站到轿顶，将急停开关复位，首先单独按"上行"按钮，如图 1-31 所示。观察轿厢移动状况，如无移动则按"公共"按钮和"上行"按钮，如图 1-32 所示，电梯上行，验证完毕。

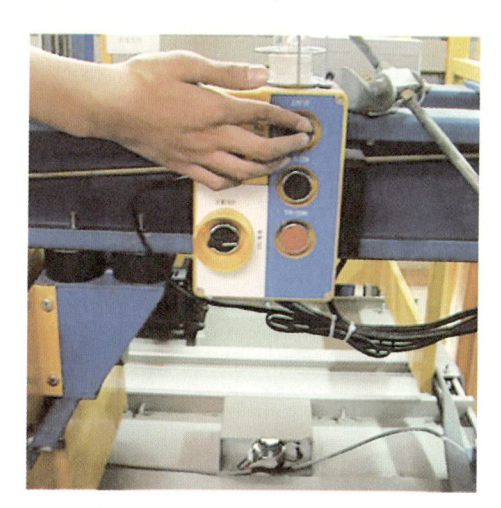

图 1-31 按"上行"按钮　　　　图 1-32 按"公共"按钮和"上行"按钮

7. 再单独按"下行"按钮，如图 1-33 所示。按时观察轿厢移动状况，如无移动则按"公共"按钮和"下行"按钮，如图 1-34 所示，电梯下行，验证完毕。

图 1-33 按"下行"按钮　　　　图 1-34 按"公共"按钮和"下行"按钮

8. 将电梯开到合适位置，按下急停开关，开始工作。

步骤三：退出轿顶

1. 同一楼层退出轿顶

（1）在检修状态下将电梯开到要退出轿顶的合适位置，按下急停开关。

（2）打开层门，退出轿顶，用顶门器固定层门。

（3）站在层门口，将轿顶的检修转换开关复位。

（4）关闭轿顶照明开关。

（5）将轿顶急停按钮复位。

（6）取出顶门器，关闭层门，确认电梯正常运行，移走警戒线护栏和安全警示牌。

2. 不在同一楼层退出轿顶

（1）将电梯开到要退出轿顶楼层的合适位置，按下急停开关。

（2）打开层门，放置顶门器。

（3）将轿顶急停开关复位。

（4）先按"公共"按钮和"下行"按钮，然后按"公共"按钮和"上行"按钮，确认门锁电路的有效性。

（5）验证完毕，按下急停开关控制电梯。

（6）打开层门，退出轿顶，用顶门器固定层门。

（7）站在层门口，将轿顶的检修转换开关复位。

（8）关闭轿顶照明开关。

（9）将轿顶急停开关复位。

（10）取出顶门器，关闭层门确认电梯正常运行，移走警戒线护栏和安全警示牌。

步骤四：记录与讨论

1. 将进出轿顶的操作步骤与要点记录于表 1-5 中。

表 1-5 进出轿顶操作记录表

序号	步骤	相关记录（如操作要领）
1		
2		
3		
4		
5		
6		
7		
8		

续表

序号	步骤	相关记录（如操作要领）
9		
10		
11		

2. 学生分组讨论：
（1）学习进出轿顶操作的收获与体会。
（2）可相互叙述操作方法，再交换角色进行。

【相关链接】

轿顶安全操作注意事项

1. 非维修人员严禁进入轿顶。在打开层门进入轿顶前，必须看清轿厢所处的位置，看清周围环境，保证层门处没有闲杂人员。安全有保障时，方可进入轿顶。进入轿顶后应立即关闭层门，防止他人进入。

2. 尽量在最高层站进入轿顶，如果作业性质要求，则可以利用井道通道。

3. 进入轿顶时，首先切断轿顶上的急停开关，使电梯无法运行，再将检修转换开关置于检修状态。

4. 在轿顶的维修人员一般不得超过3人，并有专人负责操纵电梯的运行。在启动前应提醒所有在轿顶上的人员注意安全，并检查无问题时，方可以检修速度运行。运行时轿顶上的人员不准将身体的任何部位探出防护栏。

5. 在轿顶上操作检查时应充分注意安全，集中精力，站好扶稳，不可跨步作业。在进行各种操作时，应切断轿顶急停开关并将检修转换开关转换到检修状态，使轿厢无法运行。

6. 严禁在轿顶上吸烟。

7. 禁止用手去抓扶曳引钢丝绳或电缆。

8. 严禁一脚踩在轿顶，另一脚踏在井道或其他固定物上作业。严禁站在井道外探身到轿顶有效范围外作业。

9. 在轿顶进行检修保养工作时，切忌靠近或挤压防护栏，并应注意对重与轿厢间距，身体任何部位切勿伸出防护栏，且应确保轿顶防护栏牢固可靠。

10. 离开轿顶时，应将轿顶操纵箱的各功能开关复位，然后从层门外将前面的各个开关按相反顺序复位。轿顶上不允许存放备品备件、工（器）具和杂物。在确保层门关好后方可离去。

【任务小结】

本任务主要学习进出轿顶的方法和步骤,使用层门钥匙和顶门器等工具,在操作中分别验证了层门门锁电路、安全电路、检修电路,注意每次只能验证一个电路。同时要求熟悉轿顶检修运行控制装置的操作方法,能够在轿顶安全维修和进行检修运行操作。

任务 1.5 进出底坑

【任务目标】

应知

掌握进出底坑的操作规范要领。

应会

1. 能按正确步骤进出底坑。
2. 养成安全操作的规范行为。

【知识准备】

电梯的底坑

1. 底坑的结构组成

底坑是底层端站地面以下的井道部分,如图 1-35 所示,底坑里有导轨底座、轿厢和对重缓冲器、限速器张紧装置、急停开关等。

图 1-35 底坑

2. 底坑的土建要求

（1）井道下部应设置底坑，除缓冲器座、导轨底座以及排水装置外，底坑的底部应光滑平整，不得渗水，底坑不得作为积水坑使用。

（2）如果底坑深度大于 2.5 m 且建筑物的布置允许，应设置底坑进口门，该门应符合检修门的要求。

（3）如果没有其他通道，为了便于检修人员安全地进入底坑地面，应在底坑内设置一个从层门进入底坑的永久性装置，此装置不得凸入电梯运行的空间。

（4）当轿厢完全压在缓冲器上面时，底坑还应有足够的空间能放进一个不小于 0.5 m×0.6 m×1.0 m 的长方体。

（5）底坑底与轿厢最低部分之间的净空距离应不小于 0.5 m。

（6）底坑内应有电梯急停开关，该开关安装在底坑入口处，当工作人员打开门进入底坑时应能够立即触及。

（7）底坑内应设置一个电源插座。

3. 在底坑维修时应注意的安全事项

（1）首先按下电梯的底坑急停开关或切断动力电源，才能进入底坑工作。

（2）进底坑时要使用梯子，不准踩踏缓冲器进入底坑，进入底坑后找安全的位置站好。

（3）在底坑维修工作时严禁吸烟。

（4）需运行电梯时，在底坑的维修人员一定要注意所处的位置是否安全。

（5）底坑里必须设有低压照明灯，且亮度要足够。

（6）有维修人员在底坑工作时，绝不允许机房、轿顶等处同时进行检修工作，以防意外事故发生。

【工作步骤】

步骤一：实训准备

1. 实训前先由指导教师进行安全与规范操作讲解。
2. 按照学习任务 1.1 中的规范要求做好实训前的准备工作。

步骤二：进入底坑

1. 按外呼按钮，将轿厢召唤至此层。
2. 在轿厢内按上一层指令。
3. 等待电梯运行到合适位置。用层门钥匙打开层门，在 100 mm 处放置顶门器，按外呼按钮（如图 1-36 所示），测试层门门锁是否有效（若轿厢在平层位置，应确认电梯轿厢门和相应层门处于关闭状态）。
4. 打开层门，放置顶门器，侧身保持平衡，按下上急停开关，如图 1-37 所示。拿开顶门器，关闭层门，按外呼按钮，测试上急停开关是否有效。

图1-36 按外呼按钮　　　　　　　　　图1-37 侧身伸手按下上急停开关

5. 打开层门，放好顶门器，进入底坑，打开照明开关，如图1-38所示。按下下急停开关，再出底坑。在层门外将上急停开关复位，拿开顶门器，关闭层门，按外呼按钮，测试下急停开关是否有效。

图1-38 打开照明开关

6. 打开层门，放置顶门器，按下上急停开关，进入底坑。打开层门，在100 mm处放好顶门器固定层门，开始工作。

步骤三：退出底坑
1. 完全打开层门用顶门器固定层门。
2. 将下急停开关复位，关闭照明开关，出底坑。
3. 在层门地坎处，将上急停开关复位。
4. 拿开顶门器，关闭层门。
5. 试运行，确认电梯恢复正常后，清理现场，移开安全警示牌。

步骤四：记录与讨论
1. 将进出底坑的操作步骤与要点记录于表1-6中。

表 1-6 进出底坑操作记录表

序号	步骤	相关记录（如操作要领）
1		
2		
3		
4		
5		
6		
7		
8		
9		

2. 学生分组讨论：

（1）学习进出底坑操作的收获与体会。

（2）可相互叙述操作方法，再交换角色进行。

【相关链接】

底坑安全操作注意事项

1. 准备好必备的工具，如层门钥匙、手电筒等。

2. 进入底坑时，应先按下底坑急停开关，打开底坑照明灯，再下到底坑工作。

3. 进入底坑时要使用梯子。梯子要坚固，放置合理、平稳，严禁在底坑内吸烟。

4. 在底坑工作，需要开车时，维修人员一定注意所处的位置是否安全，防止被随行电缆、补偿链触碰，或者发生其他的意外事故。

5. 底坑中必须有低压照明灯，且亮度能满足工作要求。

6. 在底坑工作的时候，应注意周围环境，防止被底坑中的装置碰伤。

7. 在底坑工作时，绝不允许机房、轿顶等处同时进行检修，以防止意外事故发生。

8. 注意保持底坑卫生与清洁。

【任务小结】

本任务主要学习进出底坑的方法和步骤，包括将轿厢驶离底坑，进入底坑前的验证控制及保持控制直到离开底坑的方法。掌握底坑的基本结构和土建要求，同时在操作过程中，一定要做好安全防护工作，并严格遵守安全操作规程。

项目总结

电梯作为特种设备,其维修保养工作是一项专业化程度很高的工作,对于从业人员的专业性和操作的规范性要求非常严格,操作时是否安全规范甚至会直接关系到作业人员的生命安全,因此在作业时一定要遵守相应的安全守则和相关的安全操作规程。本项目主要讲述了如何做好充分的安全保障工作(包括放置警戒线、警示牌,穿戴安全帽、安全带、电工绝缘鞋等),以确保自己和他人的生命安全;如何规范地进行盘车操作;带电操作时要注意的事项,断电后如何处理;进出轿顶和进出底坑又应如何规范操作等。在完成本项目的5个任务后,应达到以下要求:

1. 了解电梯维修保养操作的基本要求。
2. 掌握在机房的基本操作。
3. 掌握盘车的操作规范。
4. 掌握进出轿顶的操作规范。
5. 掌握进出底坑的操作规范。
6. 养成安全操作的规范行为。

思考与练习题

一、填空题

1. 特种设备包括锅炉、压力容器、压力管道和_____等。
2. 特种设备生产、使用单位和特种设备检验检测机构,应当接受_____部门依法进行的特种设备安全监察。
3. 电梯作业人员必须持有_____部门颁发的操作证上岗。
4. 电梯维修操作时,维修人员一般不少于_____人。
5. 在拉闸瞬间可能产生_____,一定要_____以免对人造成伤害。
6. 机房内的手动紧急救援装置是漆成黄色的_____和漆成红色的_____。
7. 进入轿顶时,首先切断轿厢顶上的_____开关,使电梯无法运行,再将检修转换开关置于_____状态。
8. 排除电梯故障,应在确认驱动系统工作正常后,利用_____运行控制,使电梯以低速运行,进一步检查和排除故障。

二、选择题

1. 按照《电梯维护保养规则》(TSG T5002—2017),曳引与强制驱动电梯半月维护保养有(　　)个项目。

A. 28　　　　　　B. 29　　　　　　C. 30　　　　　　D. 31

2. 在中国境内，电梯的安装与维修应执行（　　　）。

A. 外国企业标准　　B. 中国企业标准　　C. 中外合资企业标准　　D. 中国国家标准

3. 《特种设备安全监察条例》规定：电梯应当至少每（　　　）进行一次清洁、润滑、调整和检查。

A. 半个月　　　　B. 一个月　　　　C. 一个季度　　　　D. 半年

4. 锅炉、压力容器、电梯、起重机械、客运索道、大型游乐设施的作业人员及其相关管理人员（以下统称特种设备作业人员），应当按照国家有关规定，经特种设备安全监督管理部门考核合格，取得国家统一格式的（　　　），方可从事相应的作业或者管理工作。

A. 特种作业人员证书　　　　　　B. 特种技术等级证书
C. 以上两个证书任一个均可　　　D. 以上两个证书都是

5. 特种设备作业人员在作业中，应当（　　　）执行特种设备的操作规程和安全规章制度。

A. 选择　　　　　B. 严格　　　　　C. 熟练　　　　　D. 参照

6. 特种设备生产、使用单位，应当建立健全特种设备安全管理制度和（　　　）。

A. 领导责任制度　　B. 岗位协调制度　　C. 岗位安全责任制度　　D. 领导监督制度

7. 电梯的安装、改造、修理工作，应由电梯制造单位和（　　　）单位进行。

A. 使用单位自行委托的
B. 依法取得相应许可的
C. 电梯制造单位委托的依照相关法规取得相应许可的
D. 以上都不是

8. 电梯的维护保养应当由电梯制造单位和（　　　）单位进行。

A. 使用单位自行委托的任何
B. 依法取得相应许可的安装、改造、修理
C. 必须经电梯制造单位委托的依照相关法规取得相应许可的
D. 以上都不是

9. 电梯的安装、改造、修理工作，应由（　　　）进行。

A. 电梯制造单位和由电梯制造单位委托的依照相关法规取得相应许可的单位
B. 依法取得相应许可的单位
C. 电梯使用单位
D. 电梯使用单位和由电梯使用单位自行委托的单位

10. 在电梯检修操作运行时，必须是经过专业培训的（　　　）人员方可进行。

A. 电梯司机　　　B. 电梯维修　　　C. 电梯管理　　　D. 其他人员

11. 欲进入轿顶施工维修，用紧急开锁的三角钥匙打开层门，应先按下轿顶（　　　）开关后，才可以步入轿顶。

A. 照明　　　　　B. 门机　　　　　C. 急停　　　　　D. 慢上

12. 欲进入底坑施工维修时，用紧急开锁的三角钥匙打开最低层的层门，应先按下（　　）开关后，才可以进入底坑。

A. 底坑照明　　　B. 井道照明　　　C. 底坑停止　　　D. 底坑插座

13. 有人在轿顶作业，如需要移动轿厢时，必须保证电梯处于（　　）。

A. 绝对静止状态　　　　　　　B. 检修运行状态

C. 主电源上锁挂牌状态　　　　D. 基站位置

14. 在轿顶检修电梯过程中，应严格执行（　　）制度。

A. 上下班　　　B. 作息　　　C. 应答　　　D. 保安

15. 在维保作业中同一井道及同一时间内，不允许有立体交叉作业，且不得多于（　　）。

A. 一名操作人员　　B. 两名操作人员　　C. 三名操作人员　　D. 四名操作人员

16. 在电梯轿顶维修时严禁（　　）操作。

A. 一脚踏在轿顶上，另一脚踏在轿顶外井道的固定结构上

B. 双脚踏在固定结构上

C. 双脚踏在轿顶上

D. 单手

17. 在电梯安装维保中，凡进入井道施工必须戴好（　　）。

A. 安全帽　　　B. 工作帽　　　C. 防尘帽　　　D. 防火帽

18. 下列关于电梯检修过程中的安全规程表述正确的是（　　）。

A. 维修人员两只脚可分别站在轿顶与厅门上坎之间进行长时间作业

B. 人在轿顶上开动电梯须牢握轿架上梁或防护栏等机件，但不能握住钢丝绳

C. 可站在井道外探身到轿顶上作业

D. 以上都不对

19. 下列关于电梯检修过程中的安全规程表述错误的是（　　）。

A. 检修电气设备时应切断电源或采取适当的安全措施

B. 人在轿顶上开动电梯须牢握轿架上梁或防护栏等机件，但不能握住钢丝绳

C. 维修人员两只脚可分别站在轿顶与厅门上坎之间进行长时间作业

D. 进入底坑后，将底坑急停开关或限速张紧装置的断绳开关断开

20. 关于电梯维保作业操作规程说法正确的是（　　）。

A. 带电测量时，要确认万用表的电压挡的量程选择是否正确

B. 清洁开关的触点时，可直接用手触摸触点

C. 进出底坑时可踩踏缓冲器

D. 以上都不对

21. 关于电梯维保作业操作规程说法错误的是（　　）。

A. 带电测量时，要确认万用表的电压挡的量程选择是否正确

B. 断电作业时，要用万用表电压挡测量确认不带电

C. 移动作业位置时，要大声确认来确定安全情况

D. 清洁开关的触点时，可直接用手触摸触点

22. 以下关于电梯安全操作规范错误的描述是（　　）。

A. 正确使用安全帽、安全鞋、安全带

B. 可以在层门、轿厢门部位进行骑跨作业

C. 三角钥匙不得借给无证人员使用

D. 维修保养时应在首层电梯厅门口放置安全护栏及维修保养警示牌

23. 以下关于电梯安全操作规范错误的描述是（　　）。

A. 正确使用安全帽、安全鞋、安全带

B. 严禁在层门、轿厢门部位进行骑跨作业

C. 必要时可将三角钥匙借给无证人员使用

D. 维修保养时应在首层电梯层门口放置安全护栏及维修保养警示牌

24. 以下关于电梯安全操作规范错误的描述是（　　）。

A. 禁止无关人员进入机房或维修现场

B. 工作时必须穿戴安全帽、安全带、工作服和绝缘鞋

C. 电梯检修保养时，应在基站和操作层放置警戒线和维修警示牌。停电作业时必须在开关处挂"停电检修禁止合闸"告示牌

D. 有人在底坑、井道中作业维修时，轿厢可以开动，但不得在井道内上、下立体作业

25. 以下关于电梯安全操作规范正确的描述是（　　）。

A. 电梯检修保养时，应在基站和操作层放置警戒线和维修警示牌。停电作业时必须在开关处挂"停电检修禁止合闸"告示牌

B. 有人在底坑、井道中作业维修时，轿厢可以开动，但不得在井道内上、下立体作业

C. 维修人员可以一只脚在轿顶，另一只脚在井道固定站立操作

D. 以上都不对

26. 电梯供电系统应采用（　　）系统。

A. 三相五线制　　　B. 三相四线制　　　C. 三相三线制　　　D. 中性点接地的 TN

27. 停止开关（急停）应是（　　）色，并标有（　　）字样加以识别。

A. 红、停止（或急停）　　　　　　　B. 黄、停止（或急停）

C. 绿、急停　　　　　　　　　　　　D. 红、开关

28. 电梯出现关人现象，维修人员首先应做的是（　　）。

A. 打开抱闸，盘车放人　　　　　　　B. 切断电梯动力电源

C. 与轿厢内人员取得联系，了解情况　D. 打开层门放人

29. 为了必要（如救援）时能从层站外打开层门，紧急开锁装置应（　　）。

A. 在基站层门上设置　　　　　　　　B. 在两个端站层门上设置

C. 设置在每个层站的层门上　　　　　D. 每两层设置一个

30. 需要手动盘车时，应（　　）。

A. 切断电梯电源　　B. 按下停止开关　　C. 有人监护　　　　D. 打开制动器

31. 若机房、轿顶、轿厢内均有检修运行装置，必须保证（　　）的检修控制"优先"。
　　A. 机房　　　　　　B. 轿顶　　　　　　C. 轿厢内　　　　　　D. 最先操作

32. 用层门钥匙开启层门前，应先（　　）。
　　A. 观察层楼显示　　B. 确认轿厢位置　　C. 有人监护　　　　　D. 接受培训

33. 电梯检修工作中，进入底坑的正确操作步骤是（　　）。
① 打开底坑照明灯
② 进入底坑工作
③ 验证底坑急停开关
④ 验证厅门门锁回路
　　A. ④→③→①→②　　　　　　　　　　B. ①→②→③→④
　　C. ②→③→④→①　　　　　　　　　　D. ①→④→②→③

34. 实施困人救援，正确的操作步骤是（　　）。
① 接到电梯困人报警后，组织人员进行救援，同时对被困人员进行安慰
② 进入机房关闭故障电梯电源开关（要确定故障电梯）
③ 重新关好门，确认门锁已锁上
④ 用三角钥匙打开电梯门，协助被困人员离开电梯轿厢
⑤ 到达指定位置后根据楼层示意灯观察电梯位置，当无楼层指示时，要逐层敲门确定电梯轿厢的大概位置
⑥ 实施手动盘车程序，盘车至就近层
⑦ 到电梯轿厢所在位置后与被困人员取得联系或用机房电话与被困人员取得联系，通知他们不要惊慌，不要扒门，保持镇静，等待救援
　　A. ①→⑤→②→⑥→⑦→③→④　　　B. ①→⑦→②→⑤→⑥→④→③
　　C. ①→⑤→⑦→②→⑥→④→③　　　D. ②→①→⑦→⑤→⑥→④→③

35. 电梯检修工作中，机房断电的正确操作步骤是（　　）。
① 用万用表交流电压挡对主电源相与相、相对地之间进行测量，验证电源是否切断
② 确认完成断电工作后，挂上"在维修中"警示牌，将配电箱锁上
③ 侧身拉闸断电
④ 确认断电后，再对控制柜中的主电源线进行验证
　　A. ①→④→③→②　　　　　　　　　　B. ①→②→③→④
　　C. ①→③→②→④　　　　　　　　　　D. ③→①→④→②

三、判断题

（　　）1. 从进入机房起，供电系统的中性线（N）与保护线（PE）应始终分开。

（　　）2. 电梯安装、维修及保养时，应在明显位置处设置施工警示牌。

（　　）3. 当电梯控制柜的检修装置处于检修状态使电梯运行时，将轿顶检修装置开关扳到检修位置，电梯立即停止运行。

（　　）4. 基站就是电梯的最低层站。

（　　）5. 为了便于紧急状态下的紧急操作，盘车时抱闸一经人工打开即应锁紧在开启状态，使得只需一人即可完成盘车操作。

（　　）6. 通电之后，机房电源箱必须挂牌上锁。

（　　）7. 电梯出现故障困人时，应强行扒开轿门逃生，避免发生安全事故。

（　　）8. 维修时如有需要可自行改动线路。

（　　）9. 维修时如有需要可以用手拉、吊井道的电梯电缆。

（　　）10. 使用的手持行灯必须采用带护罩、电压为 36 V 以下的安全灯。

（　　）11. 手动盘车时必须切断电梯总电源，两个人同时配合操作。

（　　）12. 禁止在层门口探身到轿厢内和轿顶上操作。

四、学习记录与分析

1. 对照相关记录，小结电梯维修保养基本操作的过程、步骤、要点和基本要求。
2. 对照相关记录，小结电梯机房基本操作的过程、步骤、要点和基本要求。
3. 对照相关记录，小结紧急救援操作的过程、步骤、要点和基本要求。
4. 对照相关记录，小结进出轿顶操作的过程、步骤、要点和基本要求。
5. 对照相关记录，小结进出底坑操作的过程、步骤、要点和基本要求。

项目 2
电梯电气故障的诊断与排除

项目目标

本项目通过完成近几年国赛赛题中出现的"电梯电气故障的诊断与排除"的竞赛内容，包括电梯电源电路故障、上限位开关损坏、光幕故障（反馈回路断路）、下减速开关损坏、门机故障（UVW 输出插头损坏）以及门锁电路故障 6 个电气故障的诊断与排除任务，从而学会电梯电气控制原理图的识读，了解电梯电气控制系统的构成，学会电梯常见电气故障的诊断与排除方法，能按照电梯安装与验收的规范和标准完成指定的工作任务。

项目必备知识

一、电梯电气控制系统的构成

电梯的电气控制系统由电源总开关、控制柜电气元器件及安装在电梯各部位的安全开关和电气元器件组成。按照功能的不同，电梯的电气控制系统可分为电源电路、开关门电路、运行方向控制电路、安全保护电路、呼梯及楼层显示电路和消防控制电路等，各部分功能如下：

1. 电源电路

电源电路的作用是将市电网电源（三相交流 380 V，单相交流 220 V）经断路器配送到主变压器、相序继电器、照明电路等，为电梯各电路提供合适的电源电压。

2. 开关门电路

开关门电路的作用是根据开门或关门的指令以及门的开关是否到位、门是否夹到物品、轿厢承载是否超重等信号，控制开关门电动机的正反转启动和停止，从而驱动轿厢门启闭，并带动厅门启闭。

为了保护乘客及运载物品的安全，电梯运行的必备条件是电梯的轿厢门和厅门均锁好，门锁接触器给出正常信号。

3. 运行方向控制电路

运行方向控制电路的作用是当乘客、司机或维保人员发出召唤信号后，微机主控制器根据轿厢的位置进行逻辑判断后，确定电梯的运行方向并发出相应的控制信号。

4. 安全保护电路

电梯安全保护电路的设置，主要是考虑电梯在使用过程中，因某些部件质量问题、保养维修欠佳、使用不当，电梯在运行中可能出现的一些不安全因素，或者维修时要在相应的位置上对维修人员采取确保安全的措施。如果该电路工作不正常，安全接触器便不能得电吸合，电梯无法正常运行。

5. 呼梯及楼层显示电路

呼梯及楼层显示电路的作用是将各处发出的召唤信号转送给微机主控制器，通过控制系统的计算和比较后确定电梯运行方向和显示轿厢所在位置。

6. 消防控制电路

消防控制电路的作用是在电梯发生火警时，使电梯退出正常服务而转入消防工作状态。大多数电梯在基站呼梯按钮上方安装一个"消防开关"，该开关用透明的玻璃板封闭，开关附近注有相应的操作说明。一旦发生火灾，用硬器敲碎玻璃面板，按动消防开关，电梯关闭层门，及时返回基站，使乘客安全撤离现场。

二、电气系统故障的类型及寻找方法

由于电梯的电气自动化程度比较高，电气系统故障的发生点可能是机房控制柜内的电气元器件，也可能是安装在井道、轿厢、层门外的控制电气元器件等，给维修工作带来一定的困难。但只要维修人员熟练掌握电梯电气控制原理，熟识各元器件的安装位置和线路的敷设情况，熟识电气故障的类型，掌握排除电气故障的方法和步骤，就能提高排除电气系统故障的效率。

1. 电梯电气故障的类型

（1）断路型故障

断路型故障就是应该接通工作的电气元器件不能接通，从而引起控制电路出现断点而断开，不能正常工作。造成电路接不通的原因是多方面的，例如触点表面有氧化层或污垢；电气元器件引入引出线的压紧螺钉松动或焊点虚焊造成断路或接触不良；继电器或接触器的触点被电弧烧毁，触点的簧片被接点接通或断开时产生的电弧加热，自然冷却后而失去弹力，造成触点的接触压力不够而接触不良等；当一些继电器或接触器吸合和复位时，触点产生颤动或抖动造成开路或接触不良；电气元器件的烧毁或撞毁造成断路等。

（2）短路型故障

短路型故障就是不该通的电路被接通，而且接通后电路内的电阻很小，造成短路。短路时轻则使熔断器熔断，重则烧毁电气元器件，甚至引起火灾。对已投入正常运行的电梯电气控制系统，造成短路的原因也是多方面的，如电气元器件的绝缘材料老化、失效、受潮造成短路；由于外界原因造成电气元器件的绝缘损坏，以及外界导电材料入侵造成短路等。

断路型和短路型故障在以继电器和接触器为主要元器件的电梯电气控制系统中，是较为常见的故障。

（3）位移型故障

电梯的电气控制电路中，有的电路是靠位置信号控制的。这些位置信号由位置开关发出。

例如：电梯运行的换速点、消号点、平层点的确定；控制开关门电路中的"慢""更慢""停止"位置信号的发出靠凸轮组控制；安全电路的上（下）行强迫换速信号、上（下）行限位信号靠打板和专用的行程开关控制。在电梯运行过程中，这些开关不断与凸轮（或打板）接触碰撞，时间长了，就容易产生磨损位移。位移的结果轻则使电梯的性能变坏，重则使电梯产生故障。

（4）干扰型故障

对于采用微机作为过程控制的电梯电气控制系统，则会出现其他类型的故障。例如，外界干扰信号的原因而造成系统程序混乱产生误动作、通信失效等。

2. 电气控制系统排障前的预备知识

（1）掌握电路原理

电梯的电气系统，特别是控制电路，结构复杂。一旦发生故障，要迅速排除，单凭经验是不够的，必须掌握好电气控制电路的工作原理，并弄清从选层（定向）、关门、启动、运行、换速、平层、停梯、开门等环节控制电路的工作过程，明白各电气元器件之间的相互关系及其作用，了解电路原理图中各电气元器件的安装位置，存在机电配合的位置，明白它们之间是怎样实现配合动作的，才能准确地判断故障的发生点，并迅速予以排除故障。

（2）分析故障现象

在诊断与排除故障之前，必须清楚故障现象，才有可能根据电路原理图和故障现象，迅速准确地分析判断出故障的性质和范围。查找故障现象的方法很多，可以通过听取司机、乘用人员或管理人员讲述发生故障时的现象，或通过看、闻、摸以及其他必要的检测方法。

① 看：就是查看电梯的维修保养记录，了解在故障发生前有否做过任何调整或更换元器件。观察每一元器件是否正常工作；看故障灯、故障码或控制电路的信号输入输出指示是否正确；看电气元器件外观颜色是否改变等。

② 闻：就是闻电气元器件（例如电动机、变压器、继电器、接触器线圈等）是否有异味。

③ 摸：就是用手触摸电气元器件的温度是否异常，拨动接线圈是否松动等（要注意安全）。

④ 其他的检测方法：如根据故障代码，借助仪器仪表（万用表、钳形电流表、兆欧表等）检测电路中各电路中的参数是否正常，从而分析判断故障所在。

最后根据电路原理图确定故障性质，准确分析判断故障范围，制订好切实可行的维修方案。

3. 电气系统故障的查找方法和步骤

首先用程序检查法确定故障出于哪个环节电路，然后再确定故障出于此环节电路上的哪个电气元器件的触点上。

（1）程序检查法

电梯正常运行过程：选层、定向、关门、启动、运行、换速、平层、开门，循环往复。其中每一步称为一个工作环节，实现每一个工作环节的控制电路称为工作环节电路。这些电路都是先完成上一个环节才开始下一个工作环节，一步跟着一步，一环紧扣一环。所谓程序检查法，就是维修人员根据电梯运行过程中电气控制过程的动作顺序，观察各环节电路的工作情况。如果某一信号没有输入或输出，说明此环节电路出了故障，维修人员可以根据各环节电路的输入、输出指示灯的动作顺序或电气元器件动作情况，判断故障出自哪一个工作环节电路。程序检查法是把电气控制电路的故障确定在具体某个电路范围内的主要方法。

（2）电压法

所谓电压法，就是使用万用表的电压挡检测电路某一元器件两端的电位的高低，来确定电路（或触点）的工作情况的方法。使用电压法，可以测定触点的通或断。当触点两端的电位一样，即电压降为零，也就是电阻为零，判断触点为通；当触点两端电位不一样，电压降等于电源电压，也就是触点电阻为无限大，即可判断触点断开。

（3）短接法

短接法就是用一段导线逐段接通控制电路中各个开关接点（或线路），模拟该开关（或线路）闭合（或接通）来检查故障的方法。短接法是用来检测触点是否正常的一种方法。当发现故障点后，应立即拆除短接线，不允许用短接线代替开关或开关触点的接通。

短接法主要用来寻找电路的断点。例如安全回路故障。电梯正常运行时所有的安全开关与电气触点都要处于接通状态，因为串联在安全回路上的各安全开关的安装位置比较分散，一旦其中之一的安全开关或继电器触点意外断开或接触不良将会造成安全回路不能工作，使电梯无法运行。所以如果没有合适的方法，要想尽快找出故障所在点十分困难，在这种情况下短接法是较为有效的方法。下面介绍用短接法查找安全回路故障的步骤：

① 检测时，一般先检查电源电压，看是否正常。在电源电压正常的情况下，继而检查开关、元器件触点应该接通的两端，若电压表测量后没有电源电压值显示，则说明该元器件或触点断路；若线圈两端的电压值正常，但继电器不吸合，则说明该线圈断路或损坏。

② 对于初步判断为断开的开关、元器件触点，可用一根短接线模拟接通该断点，若电路恢复正常，则可确定该触点出现断开故障。

③ 拆除短接线，修复触点或者更换元器件。

（4）断路法

电梯电气控制电路有时还会出现不该接通的触点被接通，造成某一工作环节电路提前动作，使电梯出现故障。排除这类故障的最好方法是使用断路法。所谓断路法，就是把产生上述故障的可疑触点或接线强行断开，排除短路的触点或接线，使电路恢复正常的方法。例如定向电路，如果某一层的内选触点烧结，就会出现不选层也会自动定向的故障。这时最好使用断路法，把可疑的某一层内选元器件触点的连接线拆开，如果故障现象消失了，就说明故障发生在此处。

断路法主要用于排除"或"逻辑关系的控制电路触点被短路的故障。

（5）分区分段法

对于因故障造成对地短路的电路，保护电路熔断器的熔体必然熔断。这时可以在切断电源的情况下，使用万用表的电阻挡按分区、分段的方法进行全面测量检查，逐步查找，把对地短路点找出来。也可以利用熔断器作辅助检查方法，此方法就是把好的熔断器安装上，然后分区、分段送电，查看熔断器是否烧毁。如果给A区电路送电后熔断器不烧毁，而给B

区电路送电后熔断器立即烧毁，这说明短路故障点肯定发生在 B 区。如果 B 区比较大，还可以把其分为若干段，然后再按上述方法分段送电检查。这就是分区分段法。

采用分区分段法检查对地短路的故障，可以很快地把发生故障的范围缩到最小限度。然后再断开电源，用万用表电阻挡找出对地短路点，把故障排除。

查找电梯电气控制电路故障的方法主要有上述五种，此外还有替代法、电流法、低压灯光检测法、铃声检测法等。

任务 2.1　电气故障 1——电梯电源电路故障

【任务目标】

应知

1. 了解机房电气控制柜和配电箱内部的设备组成。
2. 了解电源配电环节各元器件的性能。
3. 掌握电梯电源部分供电回路的工作原理。
4. 了解相关的电梯电气部分安装与验收规范和标准。

应会

1. 掌握电梯电源部分各回路通断的检测方法。
2. 掌握机房电气控制柜内电源回路的分析方法。
3. 掌握机房电气控制柜内断路器 NF1/4—0V 断路（开关接线虚接）的诊断与排除方法。
4. 养成安全操作和规范操作的良好职业习惯。

【知识准备】

一、三相五线制

我国供电系统过去一般采用中性点直接接地的三相四线制，从安全防护方面考虑，电梯的电气设备应采用接零保护。在中性点接地系统中，当一相接地时，接地电流成为很大的单相短路电流，保护设备能准确而迅速地动作而切断电流，保障人身和设备安全。接零保护的同时，地线还要在规定的地点采取重复接地。重复接地是将地线的一点或多点通过接地体与大地再次连接。在电梯安全供电现实情况中还存在一定的问题，有的引入电源为三相四线制，到电梯机房后，将零线与保护地线混合使用；有的用敷设的金属管外皮作零线使用，这是很危险的，容易造成触电或损害电气设备。故电梯应采用三相五线制（如图 2-1 所示），直接将保护地线引入机房。三相分别是 L1、L2、L3；五线是三条相线（L1 为黄色、L2 为绿色、L3 为红色），一条工作零线（N 为蓝色），一条保护零线（PE 为绿/黄双色）。

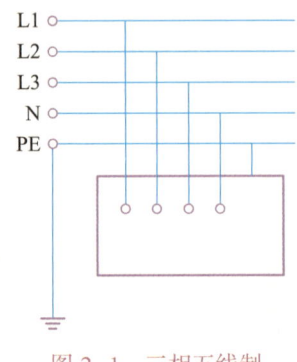

图 2-1 三相五线制

二、机房电气控制柜电源电路工作原理

机房电气控制柜电源电路如图 2-2 所示，由机房电源箱送来的 380 V 三相交流电经主变压器隔离（降压）后，产生三路电压输出，作为各控制电路的工作电源。具体分析如下：

1. 由机房电源箱送来的 380 V 三相交流电经断路器 NF1 控制，一路送相序继电器，另一路送主变压器 380 V 输入端。经主变压器降压后，分交流 110 V、直流 110 V 和交流 220 V 三路输出。交流 220 V 经断路器 NF2 和安全接触器（MC）动合触点后，分别送开关电源以及作为光幕控制器和变频门机控制器电源送出。交流 110 V 经断路器 NF3 控制后，作为安全接触器、抱闸接触器和运行接触器线圈电源送出。由整流桥（BR1）整流后输出直流 110 V 电压，经断路器 NF4 作为抱闸电路电源送出。

2. 开关电源（SPS）输出直流 24 V，经锁梯继电器动断触点控制，作为微机主控制板电源以及楼层显示器电源送出。

3. 由机房电源箱送来的 220 V 单相交流电经控制柜后作为轿厢照明电路电源、井道照明电路电源和应急电源输入端送出。

三、变压器

电梯电源电路中变压器的作用是将 380 V 转变为 220 V、110 V 交流电和整流后为 110 V 直流电，电梯电源变压器如图 2-3 所示。

【工作步骤】

步骤一：实训准备

1. 实训前先由指导教师进行安全与规范操作讲解。
2. 准备工具：电梯维修保养的工具器材可见附录 2。
3. 按照学习任务 1.1 中的规范要求做好进行实训前的准备工作。
4. 检查学生穿戴的安全防护用品，包括工作服、安全帽、绝缘鞋。

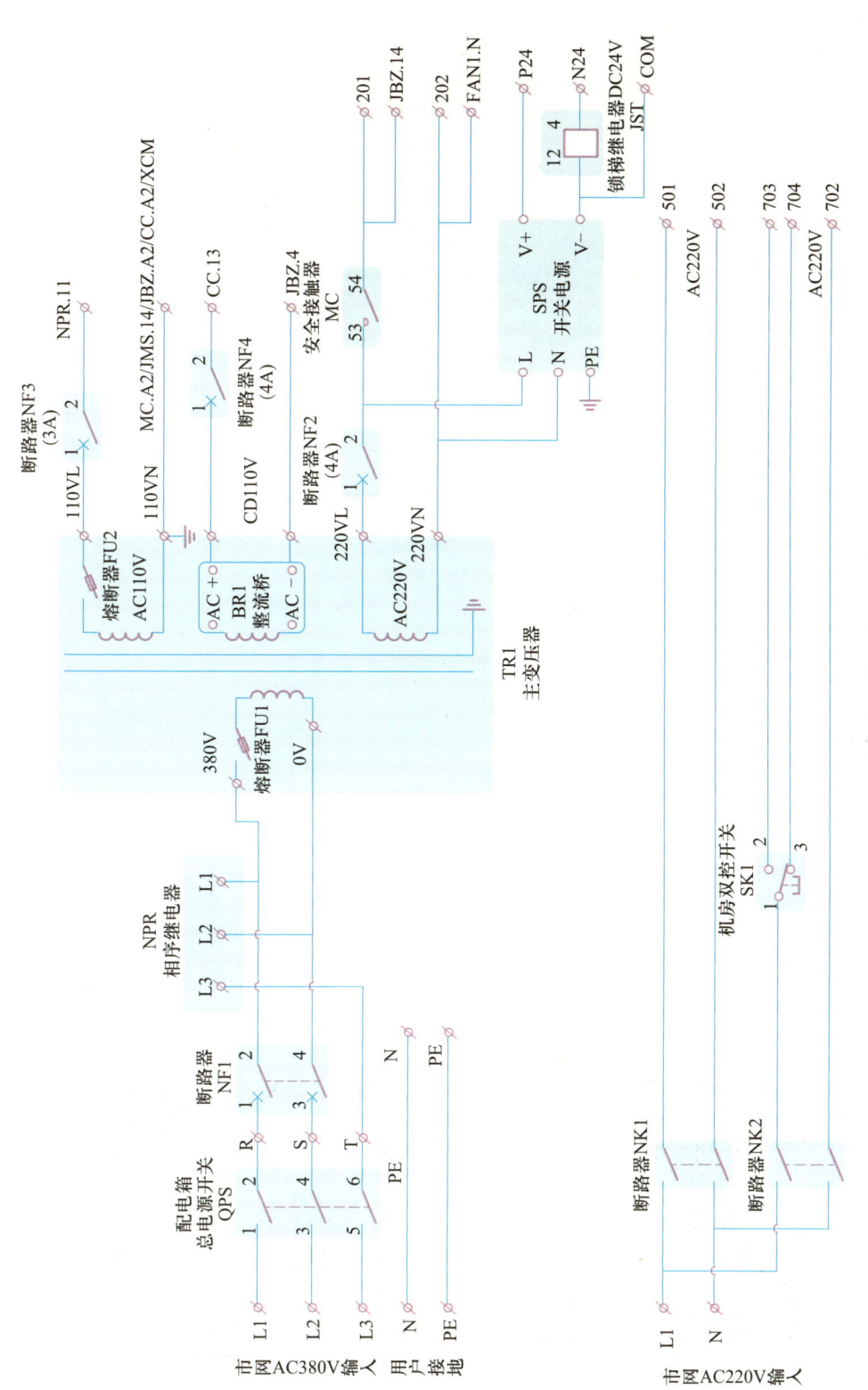

图 2-2 机房电气控制柜电源电路

图 2-3　电梯电源变压器

步骤二：检查电梯电源电路

将电梯电源箱内的三相电源（380 V）总断路器和控制柜内 NF1 电源断路器接通后发现：电梯相序继电器指示灯无信号，电梯电源无法接通。

步骤三：NF1/4—0V（开关接线虚接）故障排除

1. 排故思路

（1）判断电梯配电箱三相电源电路电压是否正常。

（2）检查三相电源电路熔断器是否完好。

（3）检查三相电源电路接线是否良好。

（4）查看三相电源电路接线端子是否断开。

2. 排故步骤

（1）在机房电源箱接通三相总断路器，发现控制柜内相序继电器指示灯无显示（如图 2-4 所示）。

（2）观察控制柜内一体机主板，发现一体机主板无任何显示，初步判断为电源故障，如图 2-5 所示。

图 2-4　接通三相总断路器　　图 2-5　检查控制柜内一体机主板

（3）检查三相电源电路熔断器是否完好，并使用万用表电阻挡检测是否导通，如图 2-6 所示。

图 2-6　检查三相电源电路熔断器

（4）检查三相电源电路 NF1 断路器的进线和出线端接线是否良好，并使用万用表电阻挡检测是否导通，如图 2-7 所示。

图 2-7　检查三相电源电路接线

（5）用万用表检测发现断路器 NF1/4 至变压器 0V 端子不导通，拆除各接线端子发现 NF1/4 端子有杂物绝缘导致虚接，如图 2-8 所示。

图 2-8　用万用表检测 NF1/4 至变压器 0V 端子通断

（6）去除端子绝缘物后重新紧固接线，再次上电，电梯相序继电器工作指示灯亮，电梯可正常供电，电气故障排除，如图2-9所示。

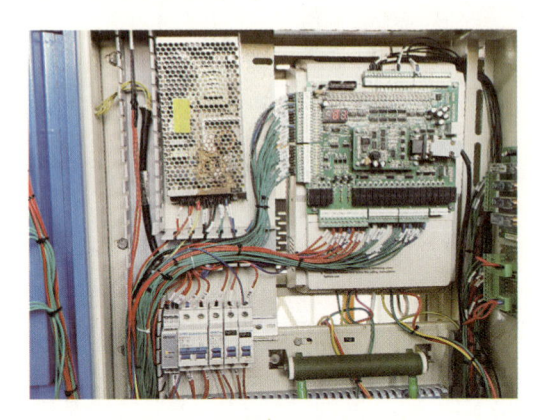

图2-9　电梯控制柜恢复供电

步骤四：总结和讨论

1. 将NF1/4—0V（开关接线虚接）的排故步骤记录于表2-1中。

表2-1　排故记录表

序号	步骤	相关记录（如操作要领）
1		
2		
3		
4		
5		
6		
7		
8		

2. 分组讨论学习此任务的心得体会（可相互叙述操作方法，再交换角色进行）。

【任务小结】

1. 本任务介绍了电梯电源电路故障的排除方法。要注意掌握检查电源电路故障的方法：本任务以NF1/4—0V（开关接线虚接）为例，通过用万用表检测电梯三相电源电路的通断与电压的测量，分析故障；先从三相电源电路是否有电压入手，再到使用万用表电阻挡进行测量检查，对相对应设备的信号电路、元器件进行检查，从而更加快捷地排除故障。

2. 应注意遵循安全操作注意事项。

3. 建议此后在每完成一个任务之后，及时进行总结归纳。

任务2.2　电气故障2——上限位开关损坏

【任务目标】

应知

1. 掌握限位开关的检查、维修（更换）与调整的基本步骤和操作要领。
2. 掌握限位开关相应电气线路故障排除的基本步骤和方法。

应会

1. 能够正确、规范地排除上限位开关的故障。
2. 养成良好的安全意识与职业素养，培养团队合作意识。

【知识准备】

电梯的端站保护装置

电梯在上、下运行中有多种安全保护装置，它们的作用和用途各有不同。常见的端站保护装置有：

1. 一般在电梯井道的最上端和最下端各装有一排限位控制开关，用于减速和控制电梯停止。按电梯运行的方向首先碰到上（下）减速开关，然后是上（下）限位开关，最后是上（下）极限开关，如图2-10所示。

图2-10　限位开关

2. 速度较快的电梯的减速开关还会分为一级减速开关和二级减速开关，甚至更多。电梯轿厢碰到减速开关后执行减速动作。

3. 限位开关是当轿厢运行超越端站停止开关后，在轿厢或者对重装置接触缓冲器之前，强迫电梯停止的安全装置。限位开关动作后，电梯不能自动恢复运行。只有通过外力将轿厢移开，并将限位开关复位后电梯才能运行。端站保护装置电路如图 2-11 所示。

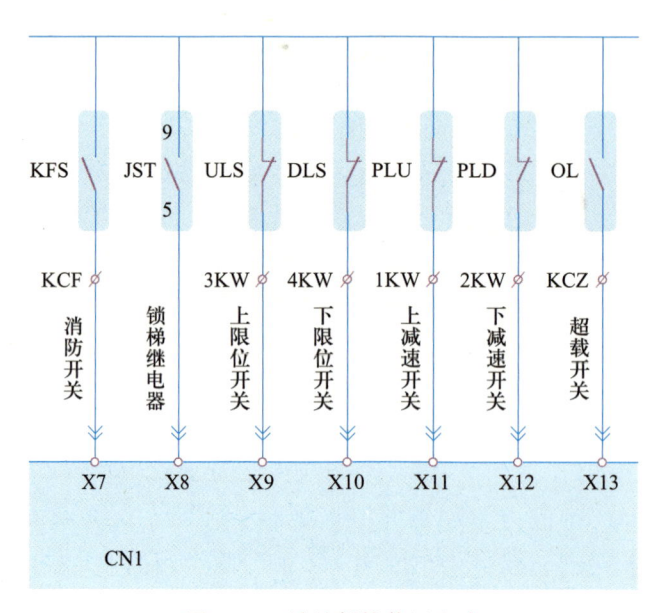

图 2-11 端站保护装置电路

【工作步骤】

步骤一：实训准备

1. 实训前先由指导教师进行安全与规范操作讲解。
2. 准备工具：电梯维修保养的工具器材可见附录 2。
3. 按照学习任务 1.1 中的规范要求做好实训前的准备工作。
4. 检查学生穿戴的安全防护用品，包括工作服、安全帽、绝缘鞋。

步骤二：检查限位开关功能

电梯正常运行平层时超越最上（最下）平层，触发上（下）限位开关，这时电梯应停梯无法上（下）行。

步骤三：上限位开关的故障排除

1. 排故思路

（1）判断上限位供电是否正常。

（2）观察控制柜一体机主板 X9 输入端指示灯状态是否正常。

（3）检查上限位开关接线是否松动。
（4）测量上限位开关电气线路是否导通。
2. 排故步骤
（1）在机房以检修模式运行电梯，出现无法向上运行现象，判断可能是上限位开关存在故障。
（2）观察控制柜一体板，发现 X9 输入端指示灯不亮，如图 2-12 所示。

图 2-12　观察一体机主板 X9 输入端指示灯状态

（3）用万用表电阻挡测量检查一体机主板上限位信号端子到控制柜端子排是否导通，如图 2-13 所示。

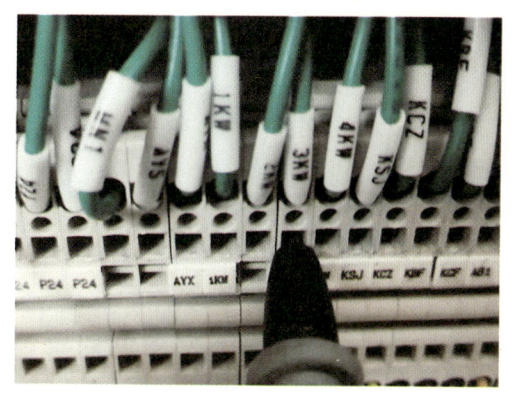

图 2-13　测量检查一体机主板上限位信号端子到控制柜端子排导通情况

（4）用万用表电阻挡测量检查上限位开关端子到控制柜端子排是否导通，如图 2-14 所示。

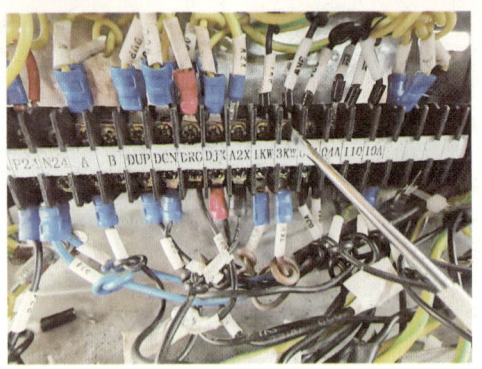

图 2-14 测量检查上限位开关端子到控制柜端子排导通情况

（5）测量上限位开关功能是否正常，检查发现上限位开关触点无法接通，判断是开关损坏导致，如图 2-15 所示。

图 2-15 检查上限位开关是否正常

（6）更换上限位开关后，电梯可以上行，故障排除，如图 2-16 所示。

图 2-16　更换上限位开关

步骤四：总结和讨论

1. 将上限位开关的排故步骤记录于表 2-2 中。

表 2-2　排故记录表

序号	步骤	相关记录（如操作要领）
1		
2		
3		
4		
5		
6		
7		
8		

2. 分组讨论学习此任务的心得体会（可相互叙述操作方法，再交换角色进行）。

【任务小结】

　　本任务介绍了上限位开关的故障排除方法，要注意掌握检查限位开关的方法：通过观察电梯的运行速度情况分析故障的类型，先从控制柜一体机主板对应指示灯入手，再到使用万用表进行测量检查，对相对应设备的信号电路、元器件进行检查，从而更加快捷地排除故障。

任务2.3　电气故障3——光幕故障（反馈回路断路）

【任务目标】

应知

1. 掌握电梯光幕装置故障排除的基本步骤和操作要领。
2. 了解光幕装置的作用及其运行现象。

应会

1. 能够正确规范地判断、分析、排除光幕装置的故障。
2. 养成良好的安全意识与职业素养，培养团队合作意识。

【知识准备】

光幕装置

电梯光幕装置是一种光线式电梯门安全保护装置，由安装在电梯轿厢门两侧的红外发射器和接收器、安装在轿顶的电源盒及专用柔性电缆四大部分组成。在发射器内有32个（16个）红外发射管，在MCU的控制下，发射管依次打开，自上而下连续扫描轿厢门区域，形成一个密集的红外线保护光幕，光幕控制器和电路如图2-17所示。当其中任何一束光线被遮挡时，控制系统立即输出开门信号，轿厢门即停止关闭并反转开启，直至乘客或遮挡物离开警戒区域后轿厢门方可正常关闭，从而达到安全保护目的，这样可避免电梯夹人事故的发生。

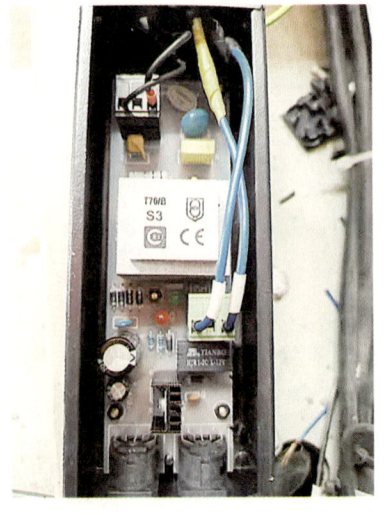

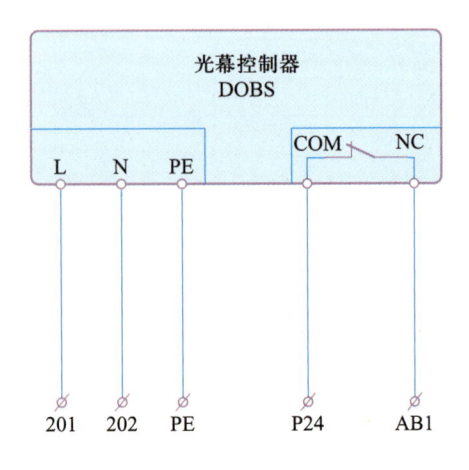

图2-17　光幕控制器和电路

【工作步骤】

步骤一：实训准备

1. 实训前先由指导教师进行安全与规范操作讲解。
2. 准备工具：电梯维修保养的工具器材可见附录 2。
3. 按照学习任务 1.1 中的规范要求做好实训前的准备工作。
4. 检查学生穿戴的安全防护用品，包括工作服、安全帽、绝缘鞋。

步骤二：检查光幕装置功能

电梯正常运行状态下，上下呼梯。轿厢至平层时，电梯开门后，正常内呼，发现电梯无法正常关门，一直处于开门状态。

步骤三：光幕装置的故障排除

1. 排故思路

（1）电梯上电，观察控制柜内一体机主板上 X15 指示灯是否正常。
（2）测量控制柜一体机主板 X15 到端子排 AB1 接线是否良好。
（3）检查轿顶接线箱内 AB1 接线是否良好。
（4）检查光幕盒上接头是否正常。
（5）检查光幕是否有异物，光幕是否损坏。

2. 排故步骤

（1）上电后，观察一体机主板上 X15 输入端指示灯，指示灯不亮，如图 2-18 所示。

图 2-18 观察一体机主板上 X15 输入端指示灯状态

（2）用万用表电阻挡测量 X15—AB1 接线是否良好，如图 2-19 所示。

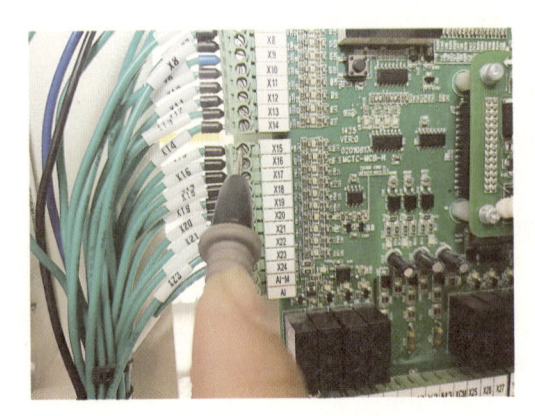

图 2-19　测量 X15—AB1 接线

（3）检查轿顶接线箱内 AB1 接线是否良好，如图 2-20 所示。

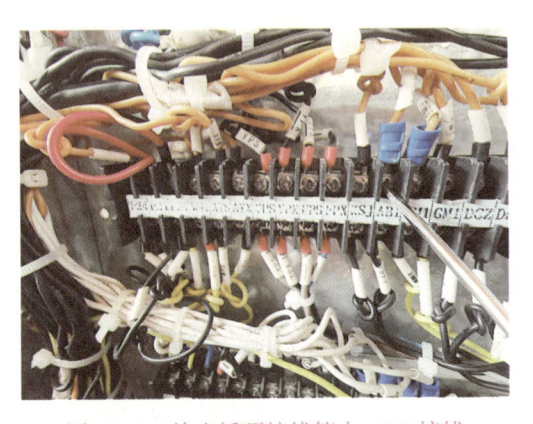

图 2-20　检查轿顶接线箱内 AB1 接线

（4）检查光幕盒上接头和盒内接线端子是否正常，如图 2-21 所示。

图 2-21　检查光幕盒上接头和盒内接线端子

（5）检查轿厢门两侧光幕表面是否有遮挡物，如图 2-22 所示。

图 2-22　检查轿厢门两侧光幕表面

（6）检查轿厢门两侧光幕接插件是否连接牢固，经过检查发现接插件松动，如图 2-23 所示。

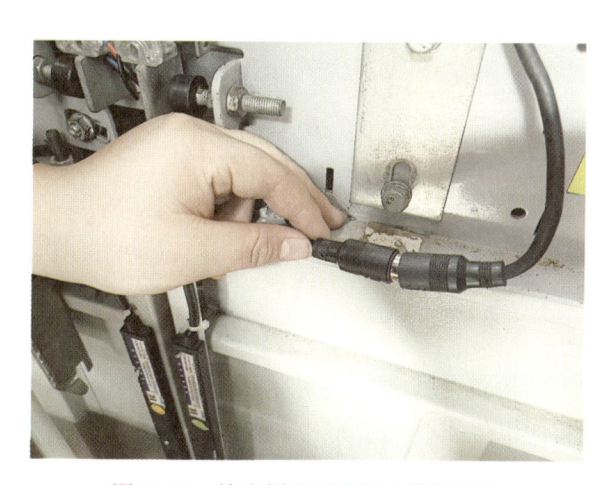

图 2-23　检查轿厢门两侧光幕接插件

（7）手动紧固轿厢门两侧光幕接插件，再次运行，功能正常，故障排除。
步骤四：总结和讨论
1. 将光幕故障（反馈回路断路）的排故步骤记录于表 2-3 中。

表 2-3　排故记录表

序号	步骤	相关记录（如操作要领）
1		
2		
3		
4		
5		
6		
7		
8		

2. 分组讨论学习此任务的心得体会（可相互叙述操作方法，再交换角色进行）。

【任务小结】

本任务介绍了电梯光幕故障（反馈回路断路）的排除方法，要注意掌握检查光幕的方法：通过上电后，观察一体机主板的指示灯亮灭情况，光幕（电源、信号）线路是否连接可靠，再判断光幕装置是否损坏。

任务 2.4　电气故障 4——下减速开关损坏

【任务目标】

应知

1. 掌握减速开关损坏检查、维修（更换）与调整的基本步骤和操作要领。
2. 掌握端站开关相应电气线路维修的基本步骤和方法。

应会

1. 能够正确、规范地排除下减速开关的故障。
2. 养成良好的安全意识与职业素养，培养团队合作意识。

【知识准备】

端　站　开　关

电梯有多种安全保护装置，其作用和用途各有不同。防止越程的保护装置一般是由设在井道内上、下端站的减速开关、限位开关和极限开关组成。这些开关都安装固定于端站导轨的支架上，由安装在轿厢上的打板碰触而动作。

减速开关的主要作用是：1. 电梯在快车转为慢车运行时，轿厢进入该区段，由轿厢打板碰触减速开关，切断电梯高速运行电路，转入低速运行；2. 当电梯运行到端站换速区域内换速信号出现异常时，由轿厢上的打板碰触减速开关，切断电梯高速运行电路，接入低速运行到平层位置，避免发生蹲底或冲顶，确保电梯安全使用。

减速开关及其电路如图 2-24 所示。减速开关安装的位置高度和数量一般根据电梯的速度而定，速度小于 1 m/s 的低速电梯，一般装有一只上减速开关和一只下限位开关，安装位置应该等于（或稍小于）电梯的减速距离。速度大于 1.5 m/s 的快速、高速电梯，一般装有两只上减速开关、限位开关和两只下减速开关、限位开关。因为快速、高速电梯一般分为单层运行速度和多层运行速度两种，在不同的速度运行下减速距离也不一样，所以要分多层运行减速限位及单层运行减速限位。

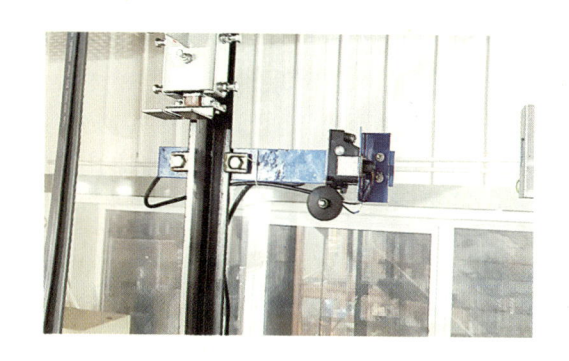

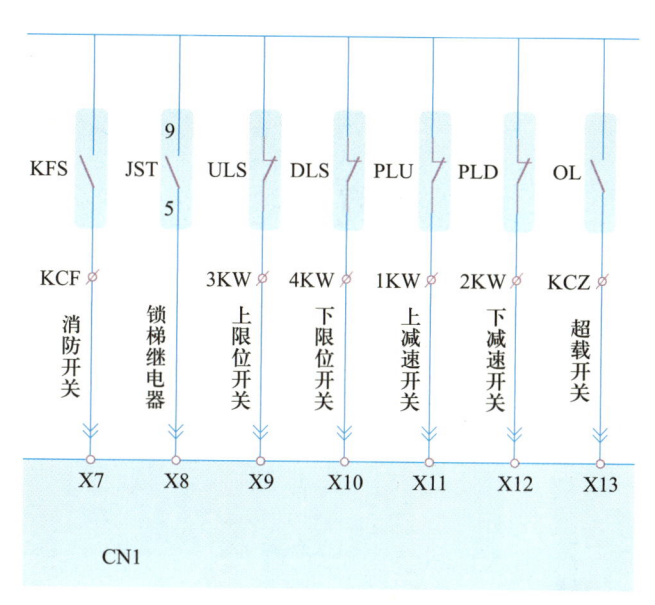

图 2-24 减速开关及其电路

【工作步骤】

步骤一：实训准备

1. 实训前先由指导教师进行安全与规范操作讲解。
2. 准备工具：电梯维修保养的工具器材可见附录 2。
3. 按照学习任务 1.1 中的规范要求做好实训前的准备工作。
4. 检查学生穿戴的安全防护用品，包括工作服、安全帽、绝缘鞋。

步骤二：电梯平层后故障代码显示 E57

电梯正常运行状态下，上、下呼梯。电梯运行到下端站时故障代码显示为 E57。

步骤三：下减速开关的故障排除

1. 排故思路

（1）维修人员通过使用万用表判断下减速电路供电是否正常。

（2）在机房控制柜处，维修人员通过观察一体机主板上 X12 输入端指示灯状态判断下减速开关是否正常。

（3）进入井道底坑，检查下减速开关处的接线是否松动。

（4）同时通过卷尺测量下减速开关距离导轨的水平距离是否符合要求。

（5）维修人员通过目测及万用表测量等方法，确定下减速开关的电气功能是否正常有效。

2. 排故步骤

（1）电梯正常运行时，在机房观察曳引机运行状态，正常呼梯时无法达到快车运行速度，并且层站显示有异常。

（2）观察一体机主板，发现 X12 输入端指示灯不亮，如图 2-25 所示。

图 2-25　观察一体机主板 X12 输入端指示灯状态

（3）检查下减速开关到端子排接线是否导通，如图2-26所示。

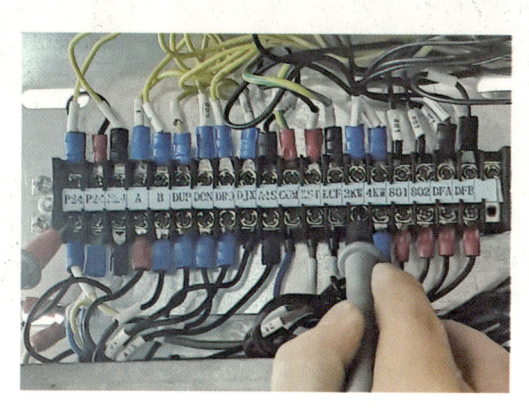

图2-26 检查下减速开关接线

（4）通过目测及卷尺测量，判断下减速开关水平方向和垂直方向没有位移，如图2-27所示。

图2-27 检查下减速开关的位置

（5）使用万用表蜂鸣挡测量下减速开关的通断情况，发现下减速开关触点无法接通，判断是电气开关损坏，如图2-28所示。

（6）更换新的下减速开关后，再次进行测量，下减速开关接通。随后维修人员出井道，恢复相应安全保护装置，正常呼梯，电梯可正常运行，故障排除。

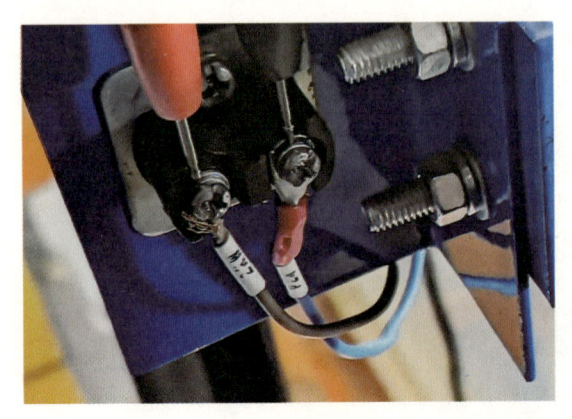

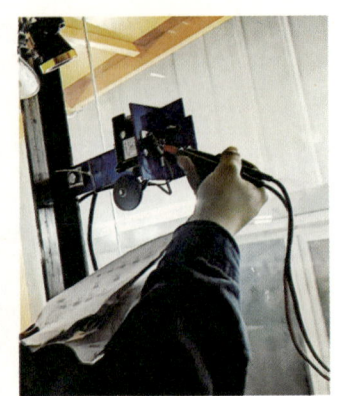

图 2-28　检查下减速开关是否正常

步骤四：总结和讨论

1. 将下减速开关的排故步骤记录于表 2-4 中。

表 2-4　排故记录表

序号	步骤	相关记录（如操作要领）
1		
2		
3		
4		
5		
6		
7		
8		

2. 分组讨论学习此任务的心得体会（可相互叙述操作方法，再交换角色进行）。

【任务小结】

本任务介绍了减速开关的故障排除方法，要注意掌握检查减速开关的方法：通过观察电梯的运行速度情况分析故障的类型，先从观察一体机主板对应指示灯或者故障代码显示器的故障代码入手，再到使用万用表进行测量检查，对相对应设备的信号电路、元器件进行检查，从而更加快捷地排除故障。

任务 2.5　电气故障 5——门机故障（UVW 输出插头损坏）

【任务目标】

应知

1. 了解变频门机的基本结构与工作原理。
2. 掌握变频门机故障排除的基本步骤和操作要领。
3. 了解变频门机的作用及其运行现象。

应会

1. 能够正确规范地判断、分析、排除变频门机的故障。
2. 养成良好的安全意识与职业素养，培养团队合作意识。

【知识准备】

一、变频门机

电梯门包括轿厢门和层门，开关门电动机安装于轿顶上，其在驱动轿厢门启闭的同时，通过安装在轿厢门上的门刀与层门上的自动门锁的配合，实现电梯轿厢门带动层门同时开启与关闭。开门或关门指令由电梯微机控制器发出，指挥门机做开门或关门动作。门机由变频门机控制器控制。因此检测开关门电路故障时，首先应检查是否具备开关门的条件，然后检查变频门机控制器是否正常工作，最后是检查变频门机及传动系统是否正常。

变频门机是开启与关闭电梯层门与轿厢门的机构，当其接收到电梯开、关门信号时，电梯门机通过控制系统控制开关门电动机关门或开门。当阻止关门力大于 150 N 时，门机自动停止关门并反向打开门，起到一定程度的保护作用。变频门机及其电路如图 2-29 所示。

交流异步变频门机通常简称为变频门机，其构成分为三部分：变频门机控制系统、交流异步电动机和机械传动系统。电梯变频门机有两种运动控制方式：速度开关控制方式和编码器控制方式。速度开关控制方式不能检测轿厢门的运动方向、位置和速度，只能使用位置和速度开关控制，导致控制精度相对较差，变频门机运动过程的平滑性不太好，因此多采用编码器控制方式。

二、电梯开关门的几种方式

1. 自动开门

当电梯进入低速平层区停站之后，电梯一体机主板发出开门指令，变频门机接收到此信号时则自动开门，当门开到位时，开门限位开关信号断开，电梯一体机主板得到此信号后停止开门指令信号的输送，开门过程结束。

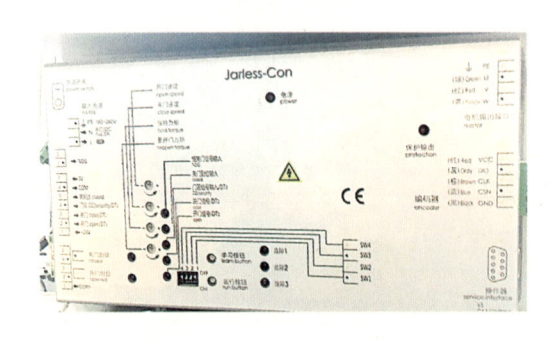

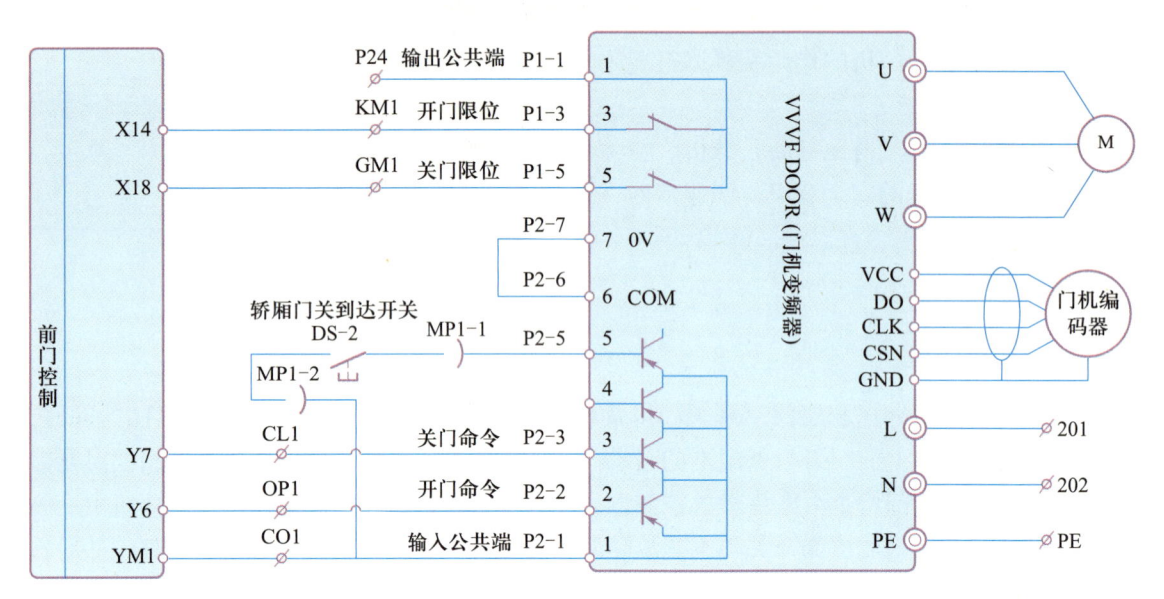

图 2-29 变频门机及其电路

2. 立即开门

如在关门过程中或关门后电梯尚未启动时，需要立即开门，此时可按轿厢内操纵箱的开门按钮，电梯一体机主板接收到该信号时，立即停止关门信号指令，发出开门信号指令，使变频门机立即停止关门并立即开门。

3. 本层开门

在自动状态下，在关门过程中或关门后电梯尚未启动时，按下本层厅外的外呼按钮，电梯一体机主板收到该信号后，即发出指令使变频门机立即停止关门并立即开门。

4. 安全触板或光幕保护开门

在关门过程中，安全触板或光幕被人为阻碍遮挡时，电梯一体机主板收到该信号后，立即停止关门信号指令，发出开门信号指令，使变频门机立即停止关门并立即开门。

5. 自动关门

在自动状态时，停梯平层，门开启约 6 s 后，在电梯一体机主板内部逻辑的定时控制下，自动发出关门信号，使变频门机自动关门，门完全关闭后，关门限位开关信号断开，电梯一体机主板得到此信号后停止关门信号指令，关门过程结束。

6. 手动关门

在自动状态时，电梯平层开门结束后，一般等 6 s 后再自动关门，但此时只要按下轿厢内操纵箱的关门按钮，则电梯一体机主板收到该信号后，立即发出关门信号指令使电梯立即关门。

7. 司机状态的关门

在司机状态时，不再延时 6 s 自动关门，而必须要由轿厢内操纵人员持续按下关门按钮才可以关门并到位。

8. 检修时的开关门

在检修状态时，开关门只能由检修人员操作开关门按钮来进行开关门操作。如门开启时，检修人员操作上行 UP 或下行 DOMN 检修按钮，电梯门此时执行自动关门程序，门自动关闭。

【工作步骤】

步骤一：实训准备

1. 实训前先由指导教师进行安全与规范操作讲解。
2. 准备工具：电梯维修保养的工具器材可见附录 2。
3. 按照学习任务 1.1 中的规范要求做好实训前的准备工作。
4. 检查学生穿戴的安全防护用品，包括工作服、安全帽、绝缘鞋。

步骤二：检查开关门故障

电梯开关门控制系统出现故障，现象为电梯运行到平层位置时不能开门；按下开门按钮没有响应。需要根据故障现象结合电梯开关门控制系统原理，分析、查找故障原因及故障点，进行故障排除使电梯恢复正常。

步骤三：变频门机的故障排除

1. 排故思路

（1）电梯上电之后，正常运行时观察变频门机工作是否正常。

（2）观察变频门机动作时是否工作正常。

（3）观察变频门机相关电路是否导通。

（4）检查变频门机元器件是否正常。

（5）检查变频门机拨码器与编码器及其接线是否接触良好可靠。

2. 排故步骤

（1）上电出现开关门异常现象后，安全进入轿顶区域，挂好安全绳，如图 2-30 所示。

（2）检查变频门机上各个接线端子是否牢固、线路是否导通，如图 2-31 所示。

（3）确认开门/关门相关线路正常后，检查变频门机上编码器接线与变频门机拨码器，相序是否正确，接线是否可靠，接触是否良好，如图 2-32 所示。

（4）检查变频门机输出插头与插孔是否完整，接插头是否牢固。

（5）拆下变频门机上 UVW 输出接插件，并使用万用表测量，检查变频门机上 UVW 输出插头损坏，如图 2-33 所示。

图 2-30　安全进入轿顶区域 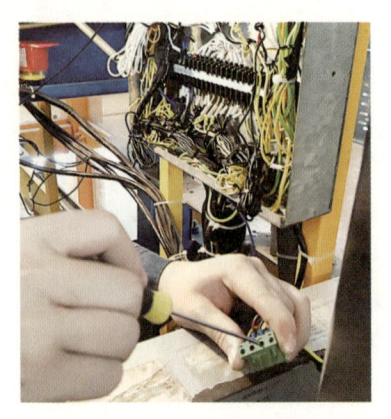　　图 2-31　检查变频门机线路

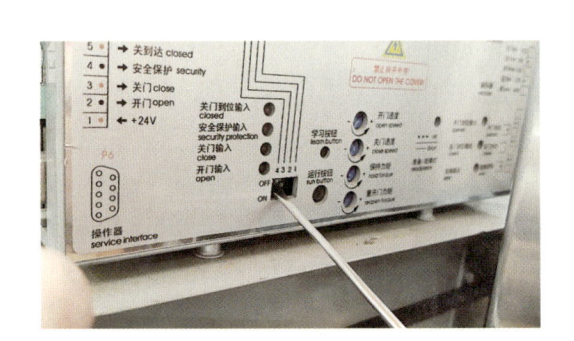

图 2-32　检查变频门机拨码器 　　图 2-33　检查 UVW 输出接插件

（6）更换新的 UVW 输出接插件后，再次验证，功能正常，故障排除。

步骤四：总结和讨论

1. 将变频门机故障的排除步骤记录于表 2-5 中。

表 2-5　排故记录表

序号	步骤	相关记录（如操作要领）
1		
2		
3		
4		
5		

续表

序号	步骤	相关记录（如操作要领）
6		
7		
8		

2. 分组讨论学习此任务的心得体会（可相互叙述操作方法，再交换角色进行）。

【任务小结】

本任务介绍了电梯变频门机故障的排除方法，要注意掌握检查变频门机的方法：通过观察电梯运行时轿厢门开关是否异常，变频门机（电源、信号）线路是否连接可靠，再判断元器件是否损坏。

任务 2.6 电气故障 6——门锁电路故障

【任务目标】

应知

1. 掌握分析、排除门锁电路断路故障的基本步骤和操作要领。
2. 了解电梯层门、轿厢门电路对电梯运行的重要性。

应会

1. 能够正确、规范地排除门锁电路断路故障。
2. 养成良好的安全意识与职业素养，培养团队合作意识。

【工作步骤】

步骤一：实训准备

1. 实训前先由指导教师进行安全与规范操作讲解。
2. 准备工具：电梯维修保养的工具器材可见附录 2。
3. 按照学习任务 1.1 中的规范要求做好实训前的准备工作。
4. 检查学生穿戴的安全防护用品，包括工作服、安全帽、绝缘鞋。

步骤二：观察故障现象

测量安全电路，发现门锁电路 10A—11A（一层层门门锁）导通，而 110—10A（二层层门门锁）不导通，从而导致电梯不能正常运行。

步骤三：层门门锁电路断路故障的排除

1. 排故思路

（1）判断层门门锁电路供电是否正常。

（2）观察机房 X25 和 X26 输入端指示灯及 JMS 门锁继电器是否正常。

（3）检查层门门锁接线是否松动，层门门锁电路是否导通。

（4）层门机械装置是否影响层门门锁电路。

2. 排故步骤

（1）上电后发现电梯层门门锁 JMS 继电器线圈不得电，导致电梯无法正常运行，如图 2-34 所示。

（2）在机房观察控制柜一体机主板，发现 X25、X26 输出端指示灯异常，如图 2-35 所示。

图 2-34　上电观察控制柜内继电器 　　　　图 2-35　观察一体机主板上指示灯状态

（3）检查一层层门和二层层门门锁接线是否正常，有无松动，如图 2-36 所示。

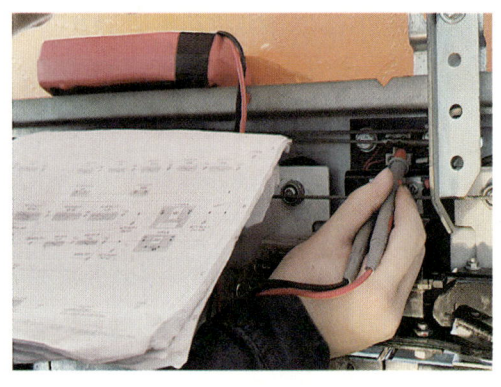

图 2-36　检查层门门锁接线是否正常

（4）测量发现一层层门门锁接线正常，二层层门门锁接线断路，如图2-37所示。

图2-37　二层层门门锁接线断路

（5）将断线重新接好，并测量门锁电路是否恢复正常，如图2-38所示。
（6）再次用万用表电阻挡测量门锁电路，电路导通，故障排除。

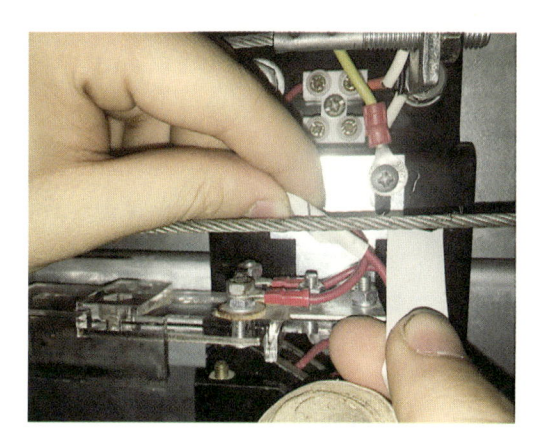

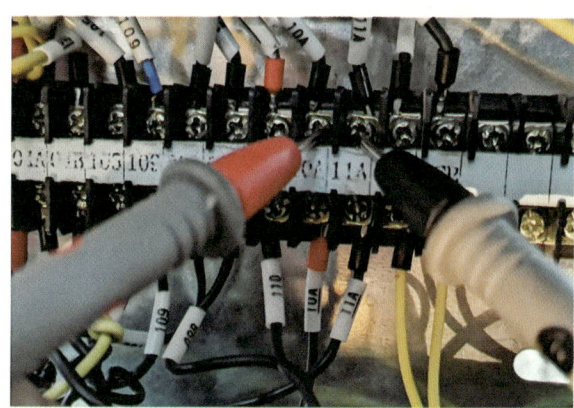

图2-38　恢复门锁电路接线

步骤四：总结和讨论

1. 将门锁电路断路故障的排除步骤记录于表2-6中。

表2-6　排故记录表

序号	步骤	相关记录（如操作要领）
1		
2		
3		

续表

序号	步骤	相关记录（如操作要领）
4		
5		
6		
7		
8		

2. 分组讨论学习此任务的心得体会（可相互叙述操作方法，再交换角色进行）。

【任务小结】

本任务介绍了层门门锁电路断路故障的分析过程及排除方法，要注意掌握检查层门门锁电路的方法：首先判断门锁电路是否导通，接线处是否松动，供电是否正常；其次是观察一体机主板相应信号指示灯是否正常、门锁继电器是否正常工作；最后检查门锁触点是否受到机械故障的影响而导致断路。

项目总结

本项目通过完成电梯电源电路故障、上限位开关损坏、光幕故障（反馈回路断路）、下减速开关损坏、门机故障（UVW 输出插头损坏）以及门锁电路故障 6 个工作任务，使学习者对电梯的电气控制系统有较为深入的接触，对电梯电气控制系统的构成、各控制环节的工作原理有较明晰的概念，学会电梯常见电气故障的诊断与排除方法，能按照电梯安装与验收的规范和标准完成指定的工作任务。

安全是电梯运行的先决条件，也是电梯维修保养过程中的重中之重。因此，电梯维保人员必须做到：

（1）对于故障电梯和处于检修状态的电梯，必须做好警示。

（2）按规范做好自身的安全保护措施。

（3）在排故工作结束后，必须对电梯进行安全性检查，只有满足了安全条件才能重新投入运行。

电气控制系统的故障相对比较复杂，而且现在的电梯都是微机控制的，软、硬件的问题往往相互交织。因此，排故时要坚持先易后难、先外后内、综合考虑、善于联想的工作思路。

电梯运行中比较多的故障是由开关触点接触不良引起的，所以判断故障时应根据故障现象以及柜内指示灯显示的情况，先对外部电路、电源部分进行检查，例如，门锁电气触点、安全电路、各控制环节的工作电源是否正常等。

微机控制电梯的许多保护环节隐含在它的微机系统（包括软件和硬件）内，较难直接判断，但它的优点是有故障代码显示，故障代码为故障的判断带来很大的方便，尤其是指示很明确的代码。

电梯控制逻辑主要是程序化逻辑，故障现象和原因正如结果与条件一样，是严格对应的。因此，只要熟知各控制环节电路的构成和作用，根据故障现象，顺藤摸瓜便能较快找到故障电路和故障点，然后按照规范和标准对故障进行排除即可。

思考与练习题

一、填空题

1. 短接法是用于检测_____是否正常的一种方法。当发现故障点后，应立即拆除短接线，不允许用短接线代替开关或开关触点的接通。
2. 电压法是使用万用电表的电压挡检测电路某一元器件两端的_____，来确定电路（或触点）的工作情况的方法。
3. 当电梯安全保护电路出现故障时，最好的检查方法是采用_____查找故障点。
4. 用万用表测量接触器的线圈电阻，其阻值为无穷大，则表明线圈_____。
5. 门信号电路的主要作用是发出开门或关门指令，指挥_____做开门或关门动作。

二、选择题

1. 电梯电气控制系统出现故障时，应首先确定故障出于哪一个（　　）。
   A. 元件　　　　　B. 系统　　　　　C. 环节　　　　　D. 电路
2. 呼梯按钮箱是给厅外乘用人员提供（　　）电梯的装置。
   A. 操纵　　　　　B. 检修　　　　　C. 召唤　　　　　D. 观察
3. 消防开关接通时电梯进入（　　）运行状态。
   A. 消防　　　　　B. 正常　　　　　C. 自动　　　　　D. 检修
4. 轿厢内操纵箱是（　　）电梯运行的控制中心。
   A. 停用　　　　　B. 启用　　　　　C. 操纵　　　　　D. 检查
5. 短接法主要用来检测电路的（　　）。
   A. 电压　　　　　B. 电流　　　　　C. 断点　　　　　D. 其他故障
6. 安装在轿厢门上的（　　）与安装在层门上的自动门锁啮合。
   A. 门刀　　　　　B. 门锁　　　　　C. 门刀或系合装置　　　　　D. 开关
7. 层门未关，电梯却能运行的原因可能是（　　）继电器触点粘死。
   A. 运行　　　　　B. 电压　　　　　C. 门联锁　　　　　D. 安全
8. 闭合基站钥匙开关，基站门不能开启，其原因可能是（　　）电路熔断器熔断。
   A. 安全　　　　　B. 控制　　　　　C. 门锁　　　　　D. 电源

9. 遇到电梯突然停电，错误的处理方法是（　　）。

A. 迅速检查电梯中是否有人

B. 在电梯层门口设置警示牌

C. 如果困人，启动"电梯困人应急救援程序"

D. 迅速到机房关断主电源与照明电源

10. 电梯检修运行时不能上行但能下行，可能的原因是（　　）。

A. 安全电路或门锁电路开关故障　　　B. 上限位开关故障

C. 上减速开关故障　　　D. 下限位开关故障

11. 电梯能关门，但按下开门按钮不开门，最可能的原因是（　　）。

A. 开门按钮触点接触不良或损坏

B. 关门按钮触点接触不良或损坏

C. 安全电路发生故障，有关线路断了或松开

D. 门安全触板或门光电开关（光幕）动作不正确或损坏

12. 电梯能开门，但不能自动关门，最可能的原因是（　　）。

A. 开门继电器失灵或损坏

B. 导向轮轴承严重缺油，有干摩擦现象

C. 门安全触板或门光电开关（光幕）动作不正确或损坏

D. 门锁电路继电器有故障

13. 电梯只有慢车，没有快车，可能的原因是（　　）有问题。

A. 安全电路　　　B. 门锁电路

C. 召唤电路　　　D. 制动器

14. 电梯在自动正常运行状态，在具有指令或召唤信号登记后，给出运行方向且自动关门后不能启动，可能的原因是（　　）故障。

A. 安全保护电路开关　　　B. 脉冲编码器

C. 门锁开关　　　D. 超载开关

15. 在控制柜安装现场，当要进行检修慢车运行时，外围接线都已正常，通电后按控制柜上行按钮电梯向下运行，按控制柜下行按钮电梯向上运行，正确的解决方法是（　　）。

A. 更换控制柜电源进线中的任意两相

B. 把旋转编码器的 A、B 相更换

C. 更换电动机电源进线中的任意两相

D. 把主板上 X1 与 X2 的接线换一下

16. 电梯不能运行，经检查为安全接触器（JDY）不能正常工作。

（1）故障原因可能是（　　）。

A. DC24V 电源故障　　　B. AC220V 电源故障

C. 门锁开关未接通　　　D. 限速器开关断开

（2）检修方法应是（　　）。

① 在机房电控柜内检查安全保护电路的电压，测量"NF3/2"与"110VN"间是否有 110 V 电压

② 检查 DC24V 电源

③ 检查 AC220V 电源

④ 检查安全保护电路的各个电气触点及接线

⑤ 检查 JDY 的线圈

⑥ 检查门锁开关

A. ①→④→⑤　　　B. ①→③→⑤　　　C. ③→④→⑥　　　D. ④→③→⑥

17. 电梯能响应基站层门外的呼梯信号，正常运行到基站并开门，但在轿厢内按选层按钮和关门按钮后，电梯正常关门但不能启动运行。可能的故障原因是（　　）。

A. 层门与轿厢门电气联锁开关接触不良或损坏

B. 制动器抱闸未能松开

C. 电源电压过低

D. 电源断相

18. 当电梯电源系统出现错相时，能自动停止供电，以防止电梯电动机反转造成危险的是（　　）。

A. 供电系统断相、错相保护装置

B. 超越上、下极限工作位置的保护装置

C. 层门与轿厢门电气联锁装置

D. 慢速移动轿厢装置

19. 轿厢门能自动关门，但手动按关门按钮不能关门。

（1）故障原因可能是（　　）。

A. 开关门电动机损坏

B. 开门按钮触点接触不良或损坏（不能复位）

C. 开关门电动机控制电路断线

D. 关门按钮的信号通路故障

（2）检修方法应是（　　）。

A. 检查开门按钮的触点和接线

B. 检查关门按钮的触点和接线

C. 检查关门按钮的信号通路（包括关门按钮的触点和接线、轿厢的 24 V 电源、信号线 AGM）

D. 在机房控制柜检查一体机主板的关门指示灯 Y7

20. 电梯出现了超越行程终端位置的故障：电梯在到达顶层时没有减速。最终查明是某些开关失效，并发现强迫减速开关滚轮中心位置距离导轨侧面为 150 mm。请根据以上现象回答下列问题：

（1）造成故障的主要原因是（　　）失效。

A. 强迫减速开关　　　　　　　　B. 终端限位开关
C. 终端极限开关　　　　　　　　D. 平层感应器

（2）电梯的减速开关距离导轨侧面的距离需要调整，应在原有基础上增大约（　　）mm 较为适宜。

A. 20　　　　　B. 40　　　　　C. 60　　　　　D. 80

（3）检修方法应是（　　）。

A. 检查行程终端保护开关的撞板
B. 检修或更换相应的行程终端保护开关
C. 检查并调整极限开关的张紧配重装置
D. 检查平层感应器

21. 电梯的井道照明出现了异常现象：只有井道照明双联（船型）开关要拨至特定侧时才照明有效；且井道照明中除一盏灯没亮外，其他照明都正常。请分析此例并回答以下问题：

（1）题中所指的"特定侧"是指（　　）。

A. 任意侧　　　　　　　　　　　B. 无故障侧
C. 有故障侧　　　　　　　　　　D. 照明无效侧

（2）关于井道照明中有一处照明不亮的现象，下列说法一定错误的是（　　）。

A. 此处电灯损坏　　　　　　　　B. 此处接线脱落
C. 井道照明总线脱落　　　　　　D. 照明开关故障

（3）故障中井道照明双联开关失效的原因是（　　）。

A. 井道照明总线脱落　　　　　　B. 双联开关某支路断开
C. 开关损坏　　　　　　　　　　D. 电灯损坏

（4）排除此类井道照明双联开关故障，下列说法最可靠有效的方法是（　　）。

A. 断开井道照明电源，将所有涉及井道照明的线路依次拆开查看
B. 直接更换双联开关
C. 将井道照明处于正常照明（灯亮）位置，断电后检查另一路线路故障
D. 将井道照明处于非正常照明（灯灭）位置，断电后检查此时线路故障

22. 电梯安全接触器（JDY）不能动作。请分析此例并回答以下问题：

（1）不属于安全接触器（JDY）电路的开关或电气触点是（　　）。

A. 缓冲器开关　　　　　　　　　B. 急停按钮
C. 上极限开关　　　　　　　　　D. 上限位开关

（2）故障原因可能是（　　）。

A. DC24V 电源故障　　　　　　　B. AC220V 电源故障
C. 极限开关断开　　　　　　　　D. 限位开关断开

（3）检修方法应是（　　）。

① 测量"JBZ/1"与"JBZ/3"间有无 DC110V 电压
② 测量"NF3/2"与"110VN"间有无 AC110V 电压

③ 测量"201"与"202"间有无 AC220V 电压

④ 测量"P24"与"N24"间有无 DC24V 电压

⑤ 检查 JDY 电路的各个电气触点及接线

⑥ 检查门锁接触器 JMS 电路的各个电气触点及接线

⑦ 检查 JDY 的线圈

⑧ 检查 JMS 的线圈

A. ①→②→③　　B. ①→⑥→⑧　　C. ①→⑤→⑦　　D. ②→⑤→⑦

23. 电梯在运行过程中突然停止，楼层显示和按钮均无作用，但轿厢内照明和风扇工作正常。电梯维修人员对电梯进行维修时发现，电梯上电后没有任何接触器得电吸合，只有相序继电器正常工作。请分析此例并回答以下问题：

（1）电梯发生上述故障，有可能的原因是（　　）发生故障。

A. 门机系统　　　　　　　　　B. 安全回路

C. 电梯控制板　　　　　　　　D. 电梯曳引机

（2）（　　）损坏有可能造成该故障。

A. 平层感应器　　　　　　　　B. 缓冲器开关

C. 上限位开关　　　　　　　　D. 轿顶检修开关

24. 电梯在运行过程中突然断电停止运行，最有可能的原因是（　　）发生故障。

A. 电梯控制板　　　　　　　　B. 电梯曳引机

C. 门机系统　　　　　　　　　D. 照明电路

25. 假设有一台电梯一直保持开门状态，按关门按钮也不关门。与此故障不相关的原因是（　　）。

A. 超载开关动作　　　　　　　B. 满载开关动作

C. 安全触板动作　　　　　　　D. 本层外呼按钮卡死

26. 当电梯的层门与轿厢门没有关闭时，电梯的电气控制部分应不接通，电梯电动机不能运转，实现此功能的装置是（　　）。

A. 供电系统断相、错相保护装置

B. 超越上、下极限工作位置的保护装置

C. 层门锁与轿厢门电气联锁装置

D. 慢速移动轿厢装置

27. 电梯的安全接触器（JDY）电路通常包含安全钳联动开关、（　　）、极限开关、限速器开关、相序继电器和缓冲器联动开关等安全开关或电气的触点。

A. 急停开关　　　　　　　　　B. 上限位开关

C. 超载开关　　　　　　　　　D. 光幕开关

三、判断题

（　　）1. 断路型故障就是应该接通工作的电气元器件。

(　　) 2. 程序检查法，就是维修人员模拟电梯的操作程序，观察各环节电路的信号输入和输出是否正常的一种检查方法。

(　　) 3. 数码管层楼指示器，一般在继电器控制的电梯上使用。

(　　) 4. 安全保护电路为并联电路。

(　　) 5. 相序继电器安装在轿厢内。

(　　) 6. 安全钳开关安装在机房控制柜内。

(　　) 7. 开关门电动机安装于轿顶上。

(　　) 8. 电梯开门过程的速度变化为：慢－快－更快－平稳－停止。

(　　) 9. 电气设备的某些故障，虽然对设备本身影响不大，但不能满足使用要求，这种故障称为使用故障。

四、学习记录与分析

1. 小结诊断与排除电源电路故障的步骤、过程、要点和基本要求。
2. 小结诊断与排除电梯行程限位保护电路故障的步骤、过程、要点和基本要求。
3. 小结诊断与排除电梯关门保护装置的电气故障的步骤、过程、要点和基本要求。
4. 小结诊断与排除变频门机电路故障的步骤、过程、要点和基本要求。
5. 小结诊断与排除电梯层门门锁电路电气故障的步骤、过程、要点和基本要求。

项目 3
电梯机械故障的诊断与排除

项目目标

本项目包括 6 个维修任务：轿厢门传动带损坏、层门地坎偏移、平层装置故障、轿厢门导轨变形、门刀移位或损坏、门锁滚轮损坏，均选自电梯故障发生频率较高的典型机械故障，也是近年国赛电梯赛项的赛题。通过完成这 6 个任务，应能熟悉电梯门传动系统、门地坎、平层装置、轿厢门导轨、门刀及门滚轮等电梯部件的机械结构和工作原理，掌握一般电梯机械故障的诊断与排除方法，能熟练地根据故障现象和相关的电梯工作原理进行分析和检测，准确判断故障位置，并按照电梯安装与验收的规范、标准完成机械故障排除的工作任务。同时，进一步学习维修保养工作中的安全操作规范，培养规范操作的良好习惯，提高安全意识与职业素养。

项目必备知识

电梯机械系统的故障类型及诊断方法

一、电梯机械系统的故障类型

相对电梯电气系统故障而言，电梯机械系统的故障较少，但是一旦发生故障，可能会造成较长的停机待修时间，甚至会造成更为严重的设备和人身事故。

电梯机械系统的故障类型主要有：

1. 连接件松脱引起的故障

电梯在长期不间断运行的过程中，由于振动等原因而造成紧固件松动或松脱，使机械发生位移、脱落或失去原有精度，从而造成磨损，碰坏电梯机件而造成故障。

2. 自然磨损引起的故障

机械部件在运转过程中，必然会产生磨损，磨损到一定程度必须更换新的部件，所以电梯运行一定时间后应进行大检修，提前更换一些易损件，不能等出了故障再更换，那样就会造成事故或不必要的经济损失。日常使用中只要及时地调整、保养，电梯就能正常运行。如果不能及时发现滑动、滚轮运转部件的磨损情况并加以调整，就会加速机械部件的磨损，从而造成机件磨损报废，引发事故或故障。如钢丝绳磨损到一定程度必须及时更换，否则会造成轿厢坠落等重大事故，各种运转轴承等都是易磨损件，必须定期更换。

3. 润滑系统引起的故障

润滑的作用是减小摩擦力，减少磨损，延长机械寿命，同时还起到冷却、防锈、减振、缓冲等作用。若润滑油太少、质量差、品种不对号或润滑不当，会造成机械部分过热、烧伤、抱轴或损坏。

4. 机械部件疲劳引起的故障

某些机械部件长时间受到弯曲、剪切等应力，会产生机械疲劳现象，机械强度减小。某些零部件受力超过强度极限，产生断裂，造成机械事故或故障。如钢丝绳长时间受到拉应力，又受到弯曲应力，又有磨损产生，受力不均时，某股绳可能因受力过大首先断绳，增加了其余股绳的受力，造成连锁反应，最后全部断裂，发生重大事故。

从上面分析可知，只要日常做好维护保养工作，定期润滑有关部件及检查有关紧固件情况，调整机件的工作间隙，就可以大大减少机械系统的故障。

二、电梯机械故障的诊断方法

电梯发生机械故障时，在设备的运行过程中会产生一些现象，维修人员可通过这些现象发现设备的原因并查找故障点。机械故障现象的主要表现有：

1. 振动异常

振动是机械运动的属性之一，但发现不正常的振动往往是测定设备故障的有效手段。

2. 声响异常

机械在运转过程中，在正常状态下发出的声响应是均匀与轻微的。当设备在正常工况条件下发出杂乱而沉重的声响时，提示设备出现异常。

3. 过热现象

工作中，常常发生电动机、制动器、轴承等部位超出正常工作状态的温度变化。如不及时发现，并诊断与排除，将引起机件烧毁等事故。

4. 磨损残余物的增加

通过观察轴承等零件的磨损残余物，并定量测定油样等样本中磨损微粒的多少，即可确定机件磨损的程度。

5. 裂纹的产生与扩展

通过机械零件表面或内部缺陷（包括焊接、铸造、锻造等）的变化趋势，特别是裂纹缺陷的变化趋势，判断机械故障的程度，并对机件强度进行评估。

因此，电梯维修人员应首先向电梯使用者了解发生故障的情况和现象，到现场观察电梯设备的状况。如果电梯还可以运行，可进入轿顶（内）用检修速度控制电梯上、下运行数次，通过观察、听声、鼻闻、手摸等手段实地分析，判断故障发生的准确部位。

故障部位一旦确定，则可与修理其他机械设备一样，按有关技术文件的要求，仔细地将出现故障的部件进行拆卸、清洗、检测。能修复的应修复使用，不能修复的则更新部件。无论是修复还是更新，检修后投入使用前，都必须认真调试并经试运行后，方可交付使用。

任务 3.1　机械故障 1——轿厢门传动带损坏

【任务目标】

应知

1. 了解电梯轿厢门装置的组成，掌握电梯轿厢门装置的工作原理。
2. 熟悉《电梯制造与安装安全规范》中的相关条款。

应会

1. 掌握电梯轿厢门装置故障的检测、诊断和排除方法。
2. 养成良好的安全意识与职业素养。

【知识准备】

一、电梯门系统的组成

电梯的门系统包括轿厢门（简称"轿门"）、层门及其开关门装置和附属部件。电梯层门也称厅门，主要功能是封闭层站入口及轿厢入口，防止人员和物品坠落井道或轿厢内乘客和物品与电梯井道相撞而发生危险。

轿厢门是设置在轿厢入口的门，设在轿厢靠近层门的一侧，供司机、乘客和货物进出。简易电梯的开关门是用手操作的，称为手动门。一般电梯装有自动开启功能，由轿厢门带动层门，层门上装有电气机械联锁的门联锁装置。只有轿厢门开启才能带动层门开启。所以轿厢门称为主动门，层门称为被动门。

轿厢门安装在轿厢上，由门机（电动机、控制器及门刀），轿厢门板，轿厢门地坎护脚板等组成。轿厢门设置有防扒门装置，防止在非平层状态或者发生事故时轿厢门被扒开造成故障。

二、开关门机构组件

开关门机构是指驱动电梯轿厢门和层门同时开或关的组合机件，又称门系统。它主要包括开门机组件、轿厢门、层门组件及层门。其中开门机组件如图 3-1 所示，开门机组件安装在轿顶上，轿厢门吊挂在开门机组件的左右挂板上，整个轿厢门系统随轿厢一起升降。层门组件如图 3-2 所示，层门组件安装在井道各层站的门口上方的内壁上，层门吊挂在层门组件的左右挂板上。

层门都设有自闭装置，由拉力弹簧或重锤组成。当层门非正常打开时能通过拉力弹簧的拉力或重锤的自重克服层门的关门摩擦力使层门自动锁闭。

在轿厢门和层门上还设有机械电气联锁检测装置。当电梯门打开时，通过电气控制的门联锁检测电路，向电梯控制系统发出信号。

(a) 实物　　　　　　　　　　　　　　　(b) 结构示意

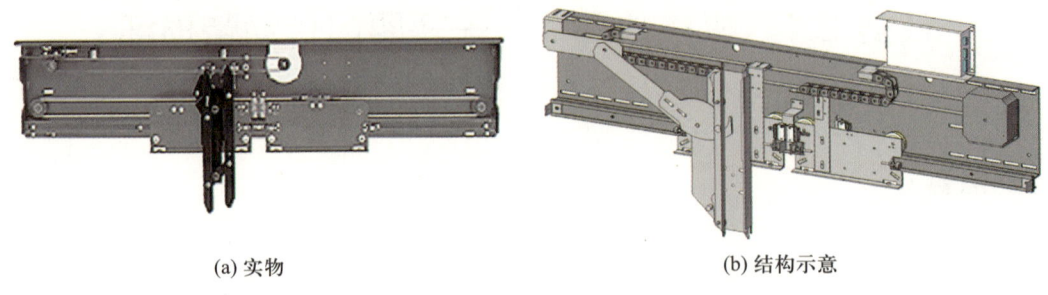

图 3-1　开门机组件

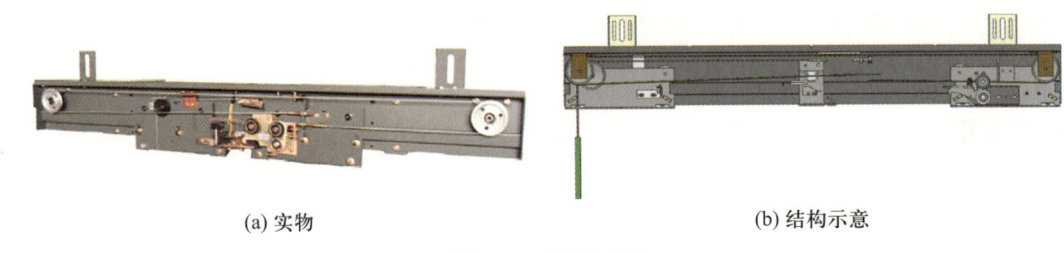

(a) 实物　　　　　　　　　　　　　　　(b) 结构示意

图 3-2　层门组件

【工作步骤】

步骤一：实训准备

1. 实训前先由指导教师进行安全与规范操作讲解。
2. 准备工具：电梯维修保养的工具器材可见附录 2。
3. 按照学习任务 1.1 中的规范要求做好实训前的准备工作。
4. 检查学生穿戴的安全防护用品，包括工作服、安全帽、绝缘鞋。

步骤二：检修操作

1. 故障现象

当电梯到站后，轿厢门和层门不能正常开启。

2. 故障分析

电梯到站后不开门，主要是由轿厢门和层门工作状况引起的，导致到站不开门的原因主要有以下两种：

（1）机械故障

此时，电梯门锁电路正常，开门电动机正常工作，轿厢平层后发出开门信号，开门电动机空转，电梯轿厢门无动作，层门不开启，轿厢门传动带损坏，如图 3-3 所示。

图 3-3　轿厢门传动带损坏

（2）电气故障

此时，电梯电气线路异常，门锁电路断开、开门电动机电路异常等引起开门电动机未正常工作，电梯轿厢门无动作，层门不开启。

3. 故障排除过程

（1）电梯正常运行，到达平层后不开门，开门电动机空运转。
（2）检查轿厢门传动带的位置。
（3）检查发现轿厢门传动带断裂损坏，需要更换。
（4）松开传动带张紧轮。
（5）更换同规格型号传动带。
（6）将传动带绕装在张紧轮和门机传动轮并固定在支架上，通过张紧轮调整传动带张力，如图3-4所示。

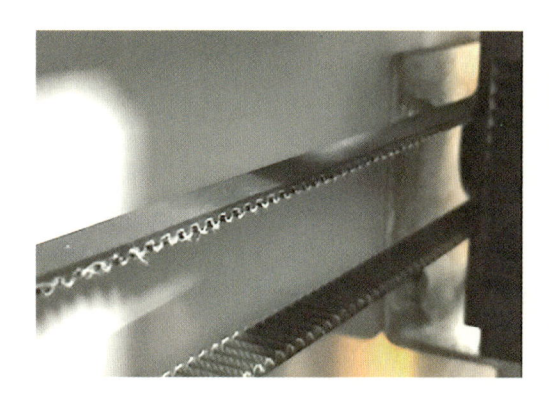

图 3-4 更换传动带

（7）调整传动带的位置使轿厢门分中，手动开关门顺畅。
（8）检查调整防扒门锁、轿厢门门锁尺寸，使其符合标准。
（9）安装调整完成后，通电检查电梯开关门是否恢复正常，按要求填写维修记录表。

步骤三：总结和讨论

1. 将轿厢门传动带损坏的维修步骤记录于表3-1中。

表 3-1 轿厢门传动带损坏维修记录表

序号	步骤	相关记录（如操作要领）
1		
2		
3		
4		

续表

序号	步骤	相关记录（如操作要领）
5		
6		
7		
8		

2. 分组讨论学习轿门传动带损坏的维修心得体会（可相互叙述操作方法，再交换角色进行）。

【任务拓展】

排除电梯门故障，应当先分析是层门还是轿厢门所引起的故障，当电梯出现单一楼层到站不开门，而其他楼层到站开关门正常的情况，可以初步判断故障是层门所造成的。引起此类故障的原因可能是电梯的门刀与门锁滚轮啮合不符合要求，或者是电梯层门联动部分故障等，因而排除这种故障必须注意总结积累维修经验，逐一判断排查才能解决问题。

【任务小结】

本任务学习了排除轿厢门传动带断裂损坏故障的方法，还有拆卸和安装传动带的步骤。故障现象是电梯到站后，轿厢门和层门不能正常开启，因为轿厢门是带动层门开关的，所以应当先观察轿厢门联动装置的运行状况，包括门机控制板上的指示灯、门刀、门机、门传动带等部件，进行逐一判断排查，结合故障代码可以更加快速地找到故障点。

任务 3.2　机械故障 2——层门地坎偏移

【任务目标】

应知
  1. 了解电梯层门装置的组成，掌握电梯层门装置的工作原理。
  2. 熟悉《电梯制造与安装安全规范》中的相关条款。

应会
  1. 掌握电梯层门装置故障的检测、诊断和排除方法。
  2. 养成安全操作的规范行为。

【知识准备】

一、层门工作原理简介

层门的开启是当轿厢停在层站时，门刀插入门锁滚轮两边。当轿厢门开启时，门刀与安装在层门上的自动门锁装置配合，通过门锁带动左门扇向左开启，同时通过传动钢丝绳使右门扇也同步向右侧开启。

在电梯未平层时，层门应保持关闭状态。即使被打开，层门应具有自闭功能，通常由弹簧或者重锤实现自复位功能。当发生意外或者需要维修时，层门系统还应具有手动紧急开门装置。

二、层门地坎及其安装要求

1. 层门

层门也称厅门，层门地坎是电梯井道出入口地面的金属水平构件，承重较小的客梯多采用铝型材，承重较大的货梯多采用铸铁件，如图 3-5 所示。

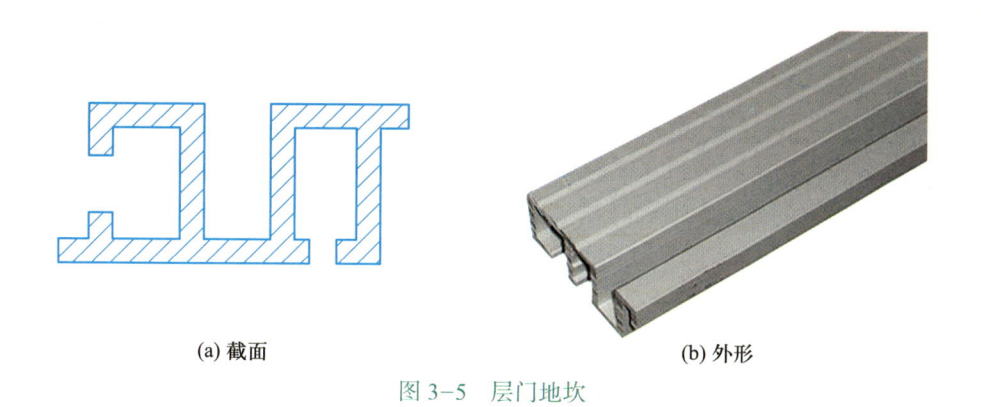

(a) 截面　　　　　　　　(b) 外形

图 3-5　层门地坎

层门地坎有两个作用，一是地坎上设有导向槽，作为限制电梯门的活动范围的导向部件；二是保证层门和轿厢的相对位置。

2. 层门地坎的安装

层门地坎安装的一般流程是：
准备工作→参照样线定位→组装地坎支架→安装固定地坎支架→地坎调校。

根据土建施工有无混凝土地坎托架结构，地坎的安装一般分有混凝土地坎托架和无混凝土地坎托架两种类型，无混凝土地坎托架则有焊接和膨胀螺栓两种固定地坎托架的方法。

3. 层门地坎安装的技术要求

（1）地坎安装位置允许误差见表 3-2。对于较长的层门地坎，用 600 mm 水平尺难以对其进行水平度校正，可以用水平测量仪测量地坎多点，从而确定其水平度。

表 3-2　地坎安装位置允许误差（单位：mm）

误差部位	允许误差	测定范围	图示
左右水平度	<1/1 000	在 OP 间的尺寸	
前后水平度	±0.5	在地坎宽度上的尺寸	
地坎间隙	A^{+2}_{-1}	相对于轿厢地坎在 OP 间，A 为轿厢地坎与层门地坎之间的间隙	

（2）地坎和建筑基准线的安装允许误差：前后、左右、上下均应在 ±1.0 mm 以内。

（3）轿厢地坎与层门地坎之间的水平距离不应大于 35 mm。在有效开门宽度范围内，该水平距离的偏差为 0~+3 mm。

（4）层门地坎要高于土建完工装饰面 2~5 mm。在装饰面施工时制作 1∶50 的斜坡，方便人员和货物的进出。在地下室等容易进水的楼层，要提高此尺寸，必要时要加装大理石挡水，防止水流入电梯井道。

【工作步骤】

步骤一：实训准备

1. 实训前先由指导教师进行安全与规范操作讲解。
2. 准备工具：电梯维修保养的工具器材可见附录 2。
3. 按照学习任务 1.1 中的规范要求做好实训前的准备工作。
4. 检查学生穿戴的安全防护用品，包括工作服、安全帽、绝缘鞋。

步骤二：检修操作

1. 故障现象

当电梯到站后在开门过程有不顺畅的现象，不能正常开启到位。

2. 故障分析

电梯到站后不开门或者开门过程不顺畅的故障，主要是由轿厢门和层门工作状况引起的，导致到站不开门的原因主要有以下两种：

(1) 机械故障引起

此时,电梯门锁电路正常,开关门电动机正常工作,轿厢平层后发出开门信号,电动机执行开门指令,电动机通过传动带转动带动轿厢门门刀进行开门作业。此时,由于层门地坎倾斜,当电梯轿厢门开启力小于轿厢门或层门的开启阻力时,就会发生轿厢门或层门无法开启等故障,如图 3-6 所示。

(2) 电气故障引起

此时,电梯电路工作正常,门锁电路未断开,由于开门电动机缺相或者电动机欠电压所致,使轿厢门开门力矩偏小,电梯轿厢门无法带动层门打开。

图 3-6 电梯层门由于卡阻不能开启

3. 故障排除过程

(1) 电梯正常运行到 1 楼后开门过程出现卡阻和不顺畅的现象。观察机房控制柜一体机主板开门信号灯正常,轿厢顶门控制板信号灯正常,初步判断是机械故障引起。因只在 1 楼出现开门卡阻现象,判断是 1 楼层门故障。

(2) 手动开关 1 楼层门,发现门扇底端有卡阻,检查门滑块正常。

(3) 通过测量轿厢门地坎与 1 楼层门地坎的间隙确认层门地坎向左偏移,如图 3-7 所示。

(a) 测量层门右侧地坎与导轨距离　　(b) 测量层门左侧地坎与导轨距离

图 3-7 测量层门地坎与轿厢导轨距离

(4) 对比其他楼层层门地坎与轿厢地坎的距离,重新调整 1 楼层门地坎。

(5) 1 楼层门地坎调整完成后,检查验证地坎尺寸是否符合标准要求,手动开关门试运行,验证是否满足运行要求。

(6) 全部调整与手动试运行完成后,通电检查电梯开关门是否恢复正常,如不正常需继续实施维修作业,若正常则按要求填写故障排除记录表。

步骤三：总结和讨论

1. 将排除层门地坎偏移故障的操作步骤记录于表 3-3 中。

表 3-3　层门地坎偏移故障排除记录表

序号	步骤	相关记录（如操作要领）
1		
2		
3		
4		
5		
6		
7		
8		

2. 分组讨论学习排除层门地坎偏移故障的心得体会（可相互叙述操作方法，再交换角色进行）。

【任务小结】

本任务学习了排除电梯门开关卡阻和不顺畅的方法，故障原因是 1 楼层门地坎左边偏移，排除此类故障应先观察开关门的状况，分析是电气故障还是机械故障，手动开关电梯门，感受开关门时卡阻的位置和碰撞摩擦发出的响声，有助于快速找到故障点。

任务 3.3　机械故障 3——平层装置故障

【任务目标】

应知

1. 了解电梯平层装置的组成，掌握电梯平层装置的工作原理。
2. 熟悉《电梯制造与安装安全规范》中的相关条款。

应会

1. 掌握电梯平层装置故障的检测、诊断和排除方法。
2. 养成安全操作的规范行为。

【知识准备】

一、平层装置简介

电梯平层装置包括平层感应器和平层遮光板（或是隔磁板），如图 3-8 所示。平层感应器安装在轿厢顶部，一般有 2~3 个感应器（2 个的为上、下平层感应器，如有 3 个则中间的是开门区域感应器），平层遮光板则装在井道导轨支架上。

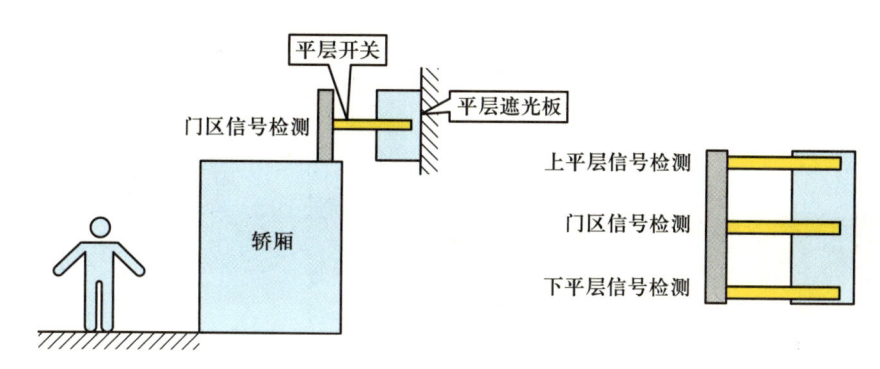

图 3-8　电梯平层装置

1. 永磁感应器

永磁感应器（干簧管感应器）由 U 形永久磁钢、干簧管、盒体组成，如图 3-9（b）所示。其原理是：由 U 形永久磁钢产生磁场对永磁感应器产生作用，使干簧管内的触点动作，其动合触点闭合、动断触点断开，干簧管内部结构如图 3-9（a）所示；当隔磁板插入 U 形永久磁钢与干簧管中间空隙时，由于干簧管失磁，其触点复位（即动合触点断开、动断触点闭合）。当隔磁板离开永磁感应器后，干簧管内的触点又恢复动作。

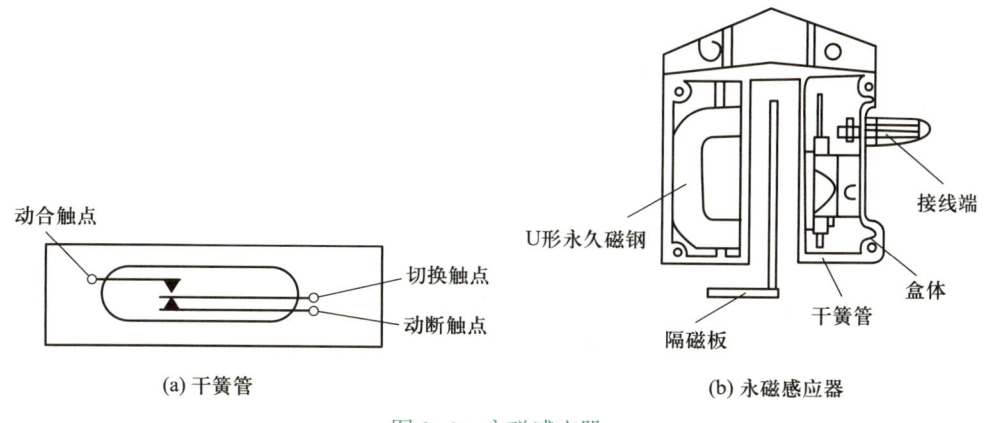

图 3-9　永磁感应器

2. 光电感应器

现在的电梯更多使用光电感应器取代永磁感应器。光电感应器的作用与永磁感应器相同,当遮光板插入U形槽中时,因光线被遮住而使触点动作。图3-10(a)、(b)所示分别为永磁感应器和光电感应器。由图可见,与永磁感应器相似,光电感应器的发射器和接收器分别位于U形槽的两边,当遮光板经过U形槽阻断光轴时,光电开关就产生检测到的开关量信号。光电感应器较永磁感应器工作可靠,更适合用于高速电梯。

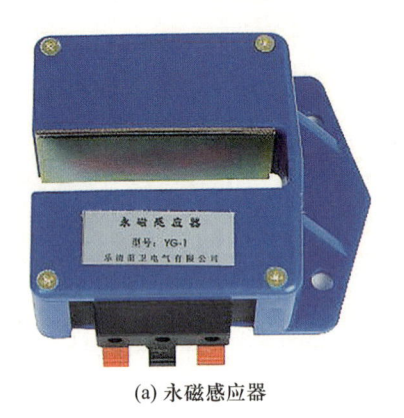

(a) 永磁感应器　　(b) 光电感应器

图3-10　感应器

二、平层装置原理及安装

1. 平层感应器工作原理

在电梯主机的轴端都安装有一个旋转编码器,在电梯运行时会产生数字脉冲,通过微机控制系统计算出电梯轿厢在井道的位置。

安装好的电梯必须在正式运行前的调试过程中,进行一次电梯层楼基准数据的采集(自学习)工作,即通过一个特定的指令,让电梯进入自学习运行状态,或人工操作或自动从最底层向上运行到顶层。由于轿厢外侧装有平层开关(光电感应器),而在井道中,对应每层楼的平层位置都装有平层遮光板,所以在电梯自下向上运行过程中,轿厢到达每一层平层位置时,平层开关都动作。在自学习状态时,控制系统就记下到达每一层平层位置开关动作时的脉冲的数值,作为每层楼的基准位置数据。

在正常运行过程中,控制系统比较电梯位置和层楼基准位置数据,就可得到电梯的层楼信号,并准确平层。

2. 平层装置的安装

平层感应器和平层遮光板的安装如图3-11所示,平层感应器一般安装在轿顶的直梁上面,分上平层、下平层、上再平层、下再平层,如图3-11(a)所示;平层遮光板则安装在轿厢导轨支架上,且每层楼均安装一块遮光板,如图3-11(b)所示。

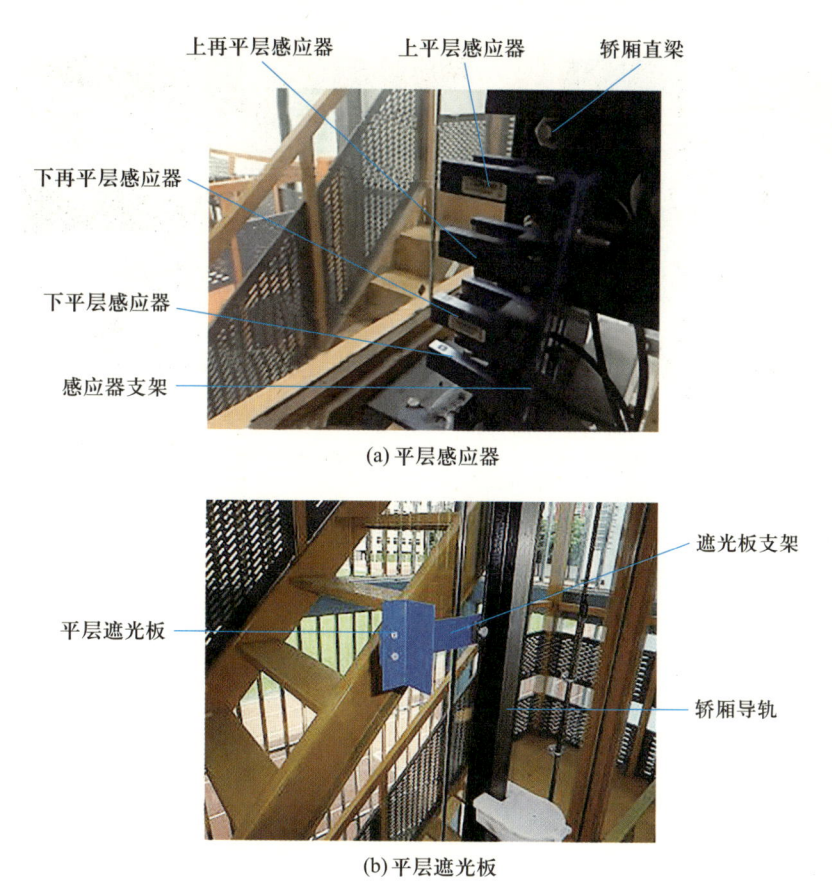

图 3-11　平层装置的安装

三、电梯平层要求及安装标准

1. 平层标准

电梯平层的准确度应符合下列规定：

① 额定速度 ≤ 0.63 m/s 的交流双速电梯，应在 ±15 mm 范围内。
② 额定速度 >0.63 m/s 且 ≤ 1.0 m/s 的交流双速电梯，应在 ±30 mm 范围内。
③ 其他调速方式的电梯，应在 ±15 mm 范围内。

2. 平层装置的安装要求

平层装置的安装要求是：当电梯平层时，调节平层遮光板与平层感应器的基准线在同一条直线上，也就是平层遮光板正好插在平层感应器的中间，以使轿厢地板与该层的地面相平齐。当平层遮光板与平层感应器之间间隙不均匀时，应进行调整，如图 3-12 所示。

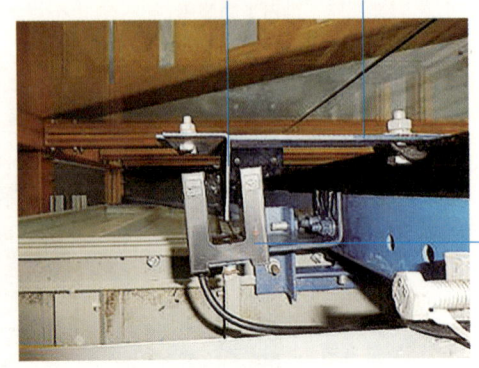

(a) 正视图　　　　　　　　　　　　　(b) 俯视图

图 3-12　电梯平层时平层感应器的位置

【工作步骤】

步骤一：实训准备

1. 实训前先由指导教师进行安全与规范操作讲解。
2. 准备工具：电梯维修保养的工具器材可见附录 2。
3. 按照学习任务 1.1 中的规范要求做好实训前的准备工作。
4. 检查学生穿戴的安全防护用品，包括工作服、安全帽、绝缘鞋。

步骤二：检修操作

1. 故障现象

电梯到达某层站后，不停梯。

2. 故障分析

电梯到站后，不停梯，主要是平层感应器不工作，或者未识别到平层位置，从而引起电梯到站后没有正常停靠，导致到站不停梯的原因主要有以下两种：

（1）平层感应器损坏

此时，电梯正常运行，损坏的平层感应器会导致电梯任意层站都不停梯，同时在电梯控制系统中有关平层感应器的工作指示灯处于熄灭状态（即使是平层感应器处于工作位置，其指示灯仍然熄灭），通过平层感应器工作状态检查，查找损坏的感应器即可。

（2）平层遮光板缺失

此时，电梯平层感应器工作正常，电梯到达某一层站时由于平层遮光板缺失，从而导致平层感应器不工作，使得电梯无法判断平层位置，无法确定停梯位置而不停梯，在此情况下检查所在层的平层遮光板即可。

3. 故障排除过程

（1）机房检修运行电梯到达适当位置，该位置需能够满足进出轿顶作业。
（2）按照进出轿顶程序进入轿顶，检查是否存在缺失平层遮光板位置区域。
（3）经检查发现 1 层平层遮光板缺失，重新安装调整平层遮光板。

（4）安装完成后检查该楼层的平层精度。

（5）若1楼层站轿厢地坎高于层门地坎，如图3-13所示，操作步骤如下：

① 设置维修警示栏及做好相关安全措施。

② 测量出轿厢地坎与层门地坎的高度差，记录测出的尺寸，如图3-14所示。

图3-13　故障现象

图3-14　测量尺寸

（6）按要求把平层遮光板垂直往下调，具体下调尺寸数据通过测量得出，调整时先在遮光板支架的原始位置做个记号，然后用工具把支架固定螺栓拧松2~3圈，用胶锤向下敲击遮光板支架达到应要下调的尺寸。注意要垂直下调，而且调整完成后要复核支架的水平度，平层遮光板与平层感应器配合的尺寸要均匀，如图3-15所示。

图3-15　遮光板垂直下调

（7）调节完毕后退出轿顶，恢复电梯的正常运行，验证电梯是否平层，如果还是不平层则需再微调平层遮光板直至完全平层，最后紧固支架固定螺栓。

步骤三：总结和讨论

1. 将排除平层装置故障的操作步骤记录于表3-4中。

表 3-4　平层装置故障排除记录表

序号	步骤	相关记录（如操作要领）
1		
2		
3		
4		
5		
6		
7		
8		

2. 分组讨论学习平层装置故障排除的心得体会(可相互叙述操作方法,再交换角色进行)。

【任务拓展】

当轿厢在全部楼层均不平层（每层站停靠时，轿厢地坎都低于层门地坎），故障排除步骤如下：

1. 设置维修警示栏及做好相关安全措施。
2. 测量出轿厢地坎低于层门的尺寸，记录测出的尺寸。
3. 按照程序进入轿顶。
4. 调节轿顶上的平层感应器，因为是轿厢低，所以应把传感器垂直向下调，下调的具体尺寸就是刚才测量出的数据，调整时先在传感器的原始位置做个记号，然后用工具把传感器固定螺栓拧松，用手移动传感器达到应要下调的尺寸，注意要垂直下调，而且调整完后要复核遮光板与感应器配合的尺寸要均匀，如图 3-16 所示。
5. 调节完毕后退出轿顶，恢复电梯的正常运行，验证电梯是否平层，如果还是不平层再微调感应器，直至完全平层。

图 3-16　感应器下调

【任务小结】

诊断与排除电梯的平层装置故障,应首先从故障现象入手,判断是遮光板缺失故障还是平层感应器故障,在分析过程中应注重区分故障现象是在个别楼层不停还是全部楼层都不停,对应采取不同的解决方法:对于个别楼层不停,一般需检查调整该层遮光板的状况;而全部楼层都不停,则需检查和调整平层感应器工作情况。

任务 3.4　机械故障 4——轿厢门导轨变形

【任务目标】

应知
1. 了解电梯轿厢门装置的组成,掌握电梯轿厢门开关门导向机构的工作原理。
2. 熟悉《电梯制造与安装安全规范》中的相关条款。

应会
1. 掌握电梯轿厢门开关门导向机构故障的检测、诊断和排除方法。
2. 养成安全操作的规范行为。

【知识准备】

一、电梯门的类型

电梯门按照结构形式可分为中分式、旁开式和闸式三种,且层门必须与轿厢门同一类型,如图 3-17 所示。

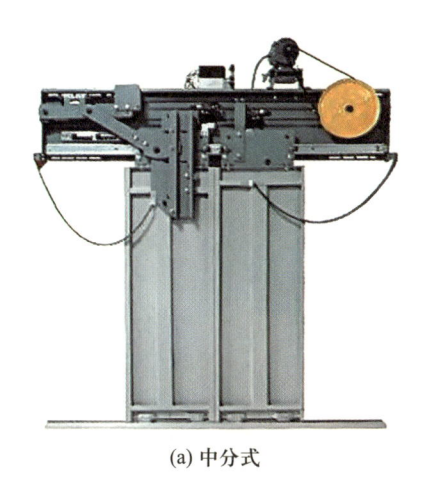

(a) 中分式 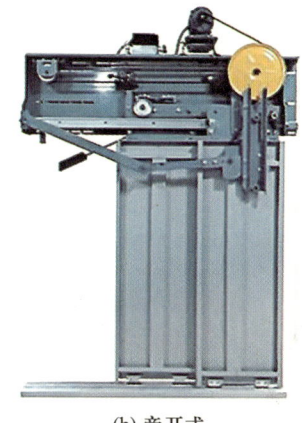　　　(b) 旁开式 　　　(c) 闸式

图 3-17　电梯门的类型

二、电梯门的结构

电梯的门系统一般由门扇、自动开关门电动机、开关门机构、自动门锁及门刀、安全触板、应急开锁装置、关门自闭装置、门挂板、门滑块和地坎等部件组成。

1. 门扇

电梯的门扇分为封闭式和交栅式。封闭式门扇一般用 1～1.5 mm 厚的薄钢板制成，为了使门扇具有一定的机械强度和刚性，在门的背面配有加强筋。为减小门扇运动中产生的噪声，门扇背面涂贴防振材料。

2. 门滑块

门滑块固定在门扇的下端，被限制在地坎槽内，使门扇始终保持在铅垂状态。门滑块由金属板外包耐磨材料制作而成。

3. 门上坎装置

门上坎装置有轿厢门和层门之分，有单导轨、双导轨和三导轨之分，有开门宽度不同的区别等。门上坎装置主要由门导轨、门传动组件等组成，门导轨如图 3-18 所示。

4. 门地坎

门地坎设槽，供门滑块在槽内滑动，对门的运动起导向作用，如图 3-19 所示。乘客电梯的门地坎一般用铝合金制作，载货电梯的门地坎一般用铸铁加工或钢板压制而成。轿厢地坎固定在轿厢底上，层门地坎固定在井道牛腿上，要求有足够的承载能力。

图 3-18 门导轨

5. 门挂板

门挂板有轿厢门使用和层门使用之分。门挂板主要由挂板、门挂轮和偏心挡轮组成，如图 3-20 所示。开门刀安装在轿厢门门挂板上，门自闭装置安装在层门门挂板上。

6. 上坎护板、地坎护板

上坎护板和地坎护板起安全防护作用。

图 3-19 门地坎

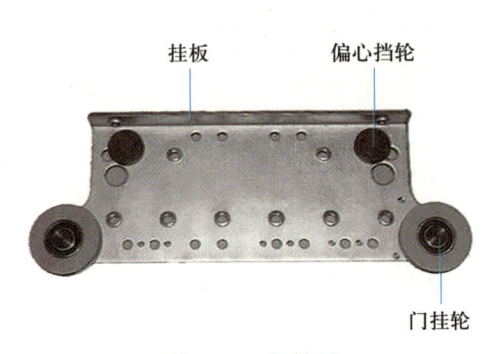

图 3-20 门挂板

7. 自动门锁装置

在电梯事故中，剪切事故或坠入井道事故所占比例较大，防止此类事故的保护装置主要有自动门锁装置等安全保护装置。

【工作步骤】

步骤一：实训准备

1. 实训前先由指导教师进行安全与规范操作讲解。
2. 准备工具：电梯维修保养的工具器材可见附录 2。
3. 按照学习任务 1.1 中的规范要求做好实训前的准备工作。
4. 检查学生穿戴的安全防护用品，包括工作服、安全帽、绝缘鞋。

步骤二：检修操作

1. 故障现象

电梯到站后，电梯门开启不顺畅且有异响，严重时电梯门不能开启。

2. 故障分析

电梯到站后，电梯门开启不顺畅且有异响，主要是电梯门系统故障，故障可能的原因包括：电梯门系统机械部件磨损严重、变形、松脱，地坎槽内有杂物，轿厢门门扇位置偏移，轿厢门导轨变形，轿厢门地坎歪斜，轿厢门挂板损坏等。需要通过检测逐一排除故障。

（1）轿门扇位置偏移

电梯可正常开关门，开关门过程中摩擦异响声较大、卡阻、开门不到位，严重时影响开关门速度和质量，可检查轿厢门门扇安装情况，如图 3-21 所示。

（2）轿厢门滑块缺失

轿厢门滑块是轿厢门运行的导向部件，如果缺失则开关门过程晃动且产生异响，同时由于缺少滑块，正面推拉轿厢门门扇时，轿厢门门扇晃动也会增大，影响电梯的安全运行，如图 3-22 所示。

图 3-21　轿厢门门扇位置偏移　　　　　图 3-22　轿厢门滑块缺失

(3) 轿厢门导轨变形

轿厢门导轨是电梯轿厢门运行导向部件，如图 3-23 所示，导轨变形将直接影响轿厢门开关运动，变形较轻时轿厢门挂板摩擦轿厢门导轨产生跳动、跑偏、卡阻和异响等现象，严重时轿厢门挂板与轿厢门导轨摩擦阻力过大，使轿厢门不能实现开关门，影响轿厢门运行。

(4) 轿厢门地坎歪斜

电梯轿厢门地坎是电梯轿厢门开关运行过程中的导向部件，当轿厢门地坎歪斜后，轿厢门门扇滑块与地坎侧面摩擦，影响轿厢门正常开启。摩擦较轻时，滑块磨损较快，并且在开关门过程中容易产生异响；歪斜严重时，由于轿厢门地坎与轿厢门导轨产生较大的位置偏移，增大轿厢门门扇滑块摩擦力，从而导致轿厢门无法开启或关闭，如图 3-24 所示。

图 3-23　轿厢门导轨变形　　　图 3-24　轿厢门地坎歪斜

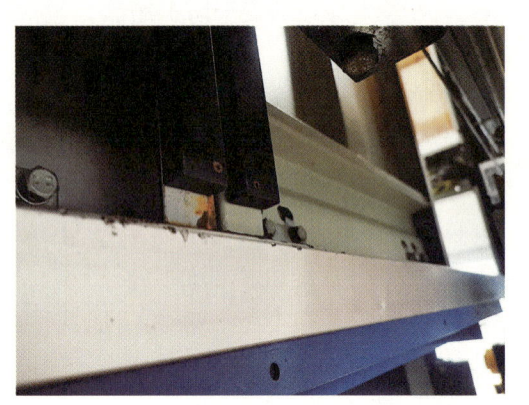

(5) 轿厢门挂板损坏

轿厢门挂板是连接开关门动力部件和门扇的重要组成部件，轿厢门开启是传动带拉动轿厢门挂板实现开关门运行，此时若轿厢门挂板损坏，轿厢门传动带无法拉动轿厢门挂板运行，轿厢门将产生跳动、跑偏、卡阻和异响等，严重时不能开启或关闭，如图 3-25 所示。

3. 故障排除过程

(1) 电梯正常运行，电梯到站后，轿厢门开启不顺畅且有异响，电梯门不能正常开启。

(2) 进入机房，检修运行电梯到达适当位置，该位置需能够满足电梯轿厢门门机检查、更换和调整作业。

图 3-25　轿厢门挂板损坏

(3) 经检查发现电梯轿厢门导轨变形，导致电梯门不能正常开关门。

(4) 实施轿厢门门导轨维修作业，将轿厢门门挂板套件拆除，拆除轿厢门已变形导轨，安装新导轨并调整导轨安装精度，如调整导轨水平度、位置偏差等符合轿厢门开关门运行要求。

（5）安装和调整门挂板等部件，轿厢门导轨安装后，检查轿厢门运行情况，手动运行可以满足运行要求，检查轿厢门各电气触点是否工作正常。

（6）安装调整完成后，通电检查电梯轿厢门开关门是否恢复正常，如不正常需继续实施维修作业，若正常需按要求填写维修记录表。

步骤三：总结和讨论

1. 将轿厢门导轨变形的维修操作步骤记录于表 3-5 中。

表 3-5　轿厢门导轨变形维修记录表

序号	步骤	相关记录（如操作要领）
1		
2		
3		
4		
5		
6		
7		
8		

2. 分组讨论学习轿厢门导轨变形及系统部件维修的心得体会（可相互叙述操作方法，再交换角色进行）。

【任务拓展】

当电梯出现全部楼层到站不开门时，或者出现电梯到达某一楼层出现不开门现象或者到达层站后电梯开门过程中突然断电、门锁电路断开、报 E53 故障代码，这些故障不是调节轿厢门门刀、轿厢门门扇、轿厢门地坎就可以排除的，这种类型的故障可能是电梯的轿厢门挂板与轿厢门导轨位置有偏差，导致电梯到站开门时轿厢门难以开启，门锁电路断开；或者是电梯轿厢门门锁触点等电气故障引起的。

【任务小结】

诊断与排除电梯的轿厢门导轨变形及系统部件故障，首先从故障现象入手，分析故障产生的原因，判断故障发生在哪个位置，在分析和判断过程中应注重区分故障现象特点，对应采取不同的解决方法。

任务 3.5　机械故障 5——门刀移位或损坏

【任务目标】

应知
1. 了解电梯门刀部分的组成，掌握电梯门刀装置的工作原理。
2. 熟悉《电梯制造与安装安全规范》中的相关条款。

应会
1. 掌握电梯门刀故障的检测、诊断和排除方法。
2. 养成安全操作的规范行为。

【知识准备】

门刀的作用

1. 轿厢门门刀

轿厢门门刀与层门自动门锁配合，如图 3-26 所示。轿厢门门刀固定在轿厢门挂板上，工作时夹紧自动门锁的滚轮，使自动门锁的锁钩与挡块脱开，实现由轿厢门带动层门运行。由于自动门锁不同，门刀有双门刀和单门刀之分。

2. 层门撞弓

层门撞弓是与轿厢门门锁配套使用的。层门门刀固定在层门挂板上，工作时层门门刀阻挡层门门锁滚轮移动，使自动门锁的锁钩与挡块脱开，门锁实现开锁动作，轿厢门开启，实现由轿厢门带动层门运行。

图 3-26　轿厢门门刀

【工作步骤】

步骤一：实训准备
1. 实训前先由指导教师进行安全与规范操作讲解。
2. 准备工具：电梯维修保养的工具器材可见附录 2。
3. 按照学习任务 1.1 中的规范要求做好实训前的准备工作。
4. 检查学生穿戴的安全防护用品，包括工作服、安全帽、绝缘鞋。

步骤二：检修操作

1. 故障现象

电梯即将到达某层站时，电梯突然断电，门锁电路断开。

2. 故障分析

电梯即将到达某层站门区附近时突然急停，JMS 门锁继电器释放。主要从电梯机械故障和电气故障两个方面着手考虑。通过故障现象可知电梯正常运行至门区附近，门锁电路断开，初步怀疑是门刀移位引起此故障的可能性较大，具体分析如下：

（1）门刀移位

此时，电梯能够正常运行，当电梯运行至门区附近时，由于门刀移位，使门刀与层门门锁滚轮啮合位置发生变化，导致门刀到达开锁区域附近，门刀触碰层门门锁滚轮动作，使层门门锁电气触点断开，导致门锁电路断开，电梯停止运行，如图 3-27 所示。在排除故障的过程中需检查门刀及其与层门门锁滚轮啮合情况。

（2）层门撞弓移位

此时，电梯能够正常运行，当电梯运行至门区附近时，由于层门撞弓移位（如图 3-28 所示），使层门撞弓与轿厢门门锁滚轮啮合位置发生变化，会导致层门撞弓远离轿厢门锁滚轮或层门撞弓提前接触轿厢门门锁滚轮。

图 3-27　门刀移位

图 3-28　层门撞弓移位

① 层门撞弓远离轿厢门锁滚轮，导致轿厢到达开锁区域附近，轿厢门在开门过程中层门撞弓不能实现开启轿厢门门锁的动作，使轿厢门无法开启运行，导致电梯到站不开门，电梯停止运行。

② 层门撞弓提前接触轿厢门门锁滚轮，导致轿厢到达开锁区域附近，由于层门撞弓与轿厢门门锁滚轮触碰时，轿厢尚未到达开门区域而提前使轿厢门门锁电气开关断开，此时电梯突然断电，门锁电路断开。

3. 故障排除过程

（1）进入机房，检修运行电梯到进出轿顶位置。

（2）按照进出轿顶程序进入轿顶。

（3）轿顶检修运行，检查门刀与门锁滚轮啮合情况。

（4）门刀检查，对安装在轿厢门和层门上的门刀进行外观检查，检查门刀是否有损坏，如果没有损坏，则检查门锁滚轮与门刀之间的间隙、门锁滚轮与门刀的啮合深度。

（5）确认轿厢门地坎与门锁滚轮的间隙为（8±2）mm，如图3-29所示。如果尺寸超标，应先确认地坎间的间隙和门上坎的定位。

（6）使门锁与门刀系合装置重合，确认门锁滚轮与门刀系合装置的间隙为（10±2）mm。如果超过标准，应先确认门上坎的安装中心、门扇的中心、层门与轿厢门的中心是否重合，如图3-30所示。

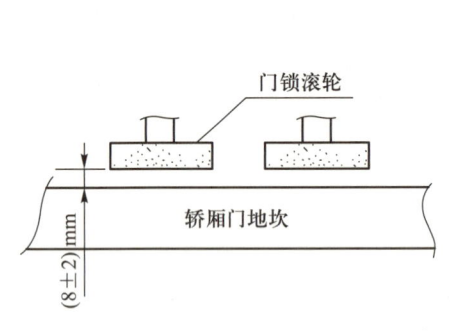

图3-29　轿厢门地坎与门锁滚轮的间隙

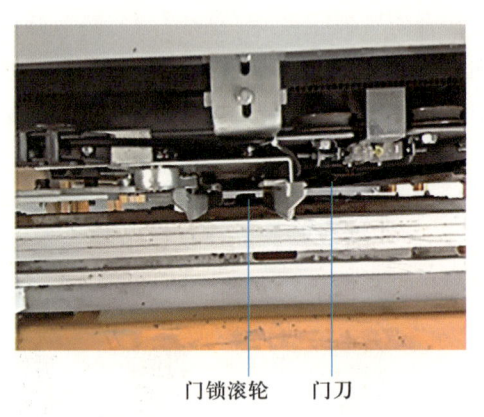

图3-30　门锁滚轮与门刀配合

（7）门刀安装调整后，检查门锁滚轮与门刀啮合情况，如图3-31所示。手动验证是否可以满足运行要求，检查各电气触点是否工作正常。

图3-31　门刀啮合情况检查

（8）安装调整完成后，通电检查电梯轿厢门开关是否恢复正常，如不正常需继续实施维修作业，若正常需按要求填写维修记录表。

步骤三：总结和讨论

1. 将门刀移位或损坏的维修操作步骤记录于表 3-6 中。

表 3-6　门刀移位或损坏维修记录表

序号	步骤	相关记录（如操作要领）
1		
2		
3		
4		
5		
6		
7		
8		

2. 分组讨论学习门刀移位或损坏维修的心得体会（可相互叙述操作方法，再交换角色进行）。

【任务拓展】

当电梯即将到达某层站时，出现突然断电、门锁电路断开故障（例如，出现电梯到达某一楼层出现不开门现象，或者到达层站后电梯开门过程中突然断电、门锁电路断开，报 E53 故障代码），这些故障不是调节门刀、轿厢门门扇、轿厢门地坎就可以排除的，这种类型的故障可能是电梯的门锁滚轮位置有偏差，导致电梯到站开门时轿厢门难以开启，导致门锁电路断开；或者是电梯轿厢门门锁触点等电气故障引起的。

【任务小结】

诊断与排除电梯门刀位置偏差故障，首先从故障现象入手，判断是门刀故障还是门锁滚轮故障，在分析过程中应注重区分故障现象是个别楼层偶发故障还是全部楼层发生故障，对应采取不同的解决方法：个别楼层到达时，电梯突然断电、门锁电路断开，一般需检查该层层门门锁装置与门刀工作情况；而全部楼层发生故障，则需检查轿厢门上的门刀位置、是否松动等。

任务 3.6　机械故障 6——门锁滚轮损坏

【任务目标】

应知
1. 了解电梯门锁结构的组成，掌握电梯门锁结构的工作原理。
2. 熟悉《电梯制造与安装安全规范》中的相关条款。

应会
1. 掌握电梯门锁结构故障的检测、诊断和排除方法。
2. 养成安全操作的规范行为。

【知识准备】

一、电梯门系统的结构与工作原理

电梯门按开门方向可分为中分式、旁开式和闸式三种。中分式电梯门主要由门套、门扇、门导轨、门滑轮、自动门锁、门滑块等构件组成。门扇通过门挂板吊挂在门导轨上，轿厢门、层门下部均通过地坎导靴与地坎槽配合，如图 3-32 所示。

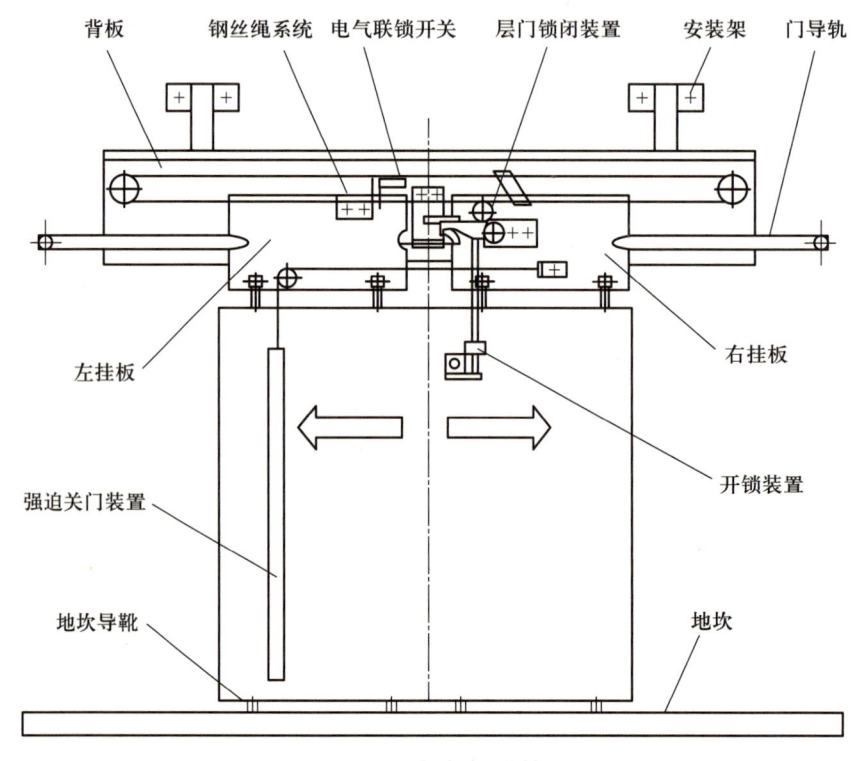

图 3-32　中分式电梯门

两扇中分式电梯门的动作机构可分为4个部分：门扇滑动导向装置、门传动机构、门锁及门锁锁紧检测装置、门自闭装置。

1. 门扇滑动导向装置

门导轨与地坎槽属门扇滑动导向装置，门扇与门挂板连结成一体，门挂板的挂轮沿门导轨滑动，而门扇下方的地坎导靴沿地坎槽滑动。门导轨与地坎的水平度、平行度和间距，以及两者之间的铅垂度是否满足安装要求，将直接影响到门扇的正常开启。安装时需保证门导轨（门上坎）与地坎的安装精度达到安装标准的要求。

2. 门锁及门锁锁紧检测装置

机械门锁装置是实现层门安全保护功能的最重要的安全保护装置，电梯层门的门锁采用机械电气联锁装置，安装在层门上，常见的机械式自动门锁的结构如图3-33所示，它主要具有以下两方面功能：

（1）锁住层门，使在厅外层站的乘客不能随意打开。

（2）检测门的锁紧状态，控制电梯的运行。当所有门锁闭合时，电梯门锁控制电路被接通，电梯可启动运行；当其中一个门锁打开时，电梯门锁控制电路断开，电梯不能启动运行。

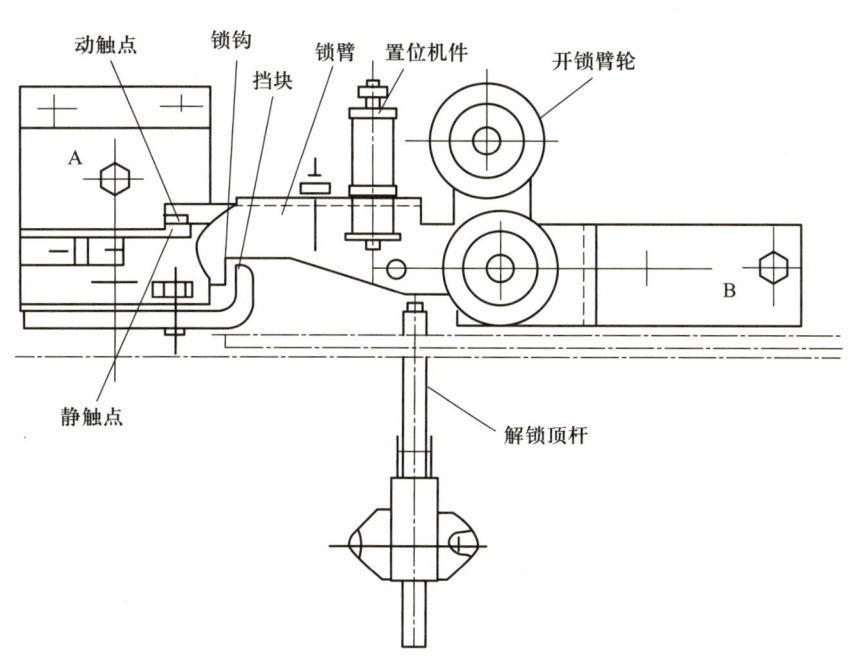

图3-33 机械式自动门锁的结构

二、自动门锁安装

1. 安装前的准备

安装前应对锁钩、锁臂、滚轮、弹簧等进行检查。层门关好后，门锁开关与触点接触必须良好，由于可调部分为长孔，须用定位螺栓加以固定。

层门关好后，无论何种门锁均应将门锁住，为使其动作灵活，锁钩上留有 2 mm 活动间隙，锁钩啮合深度不小于 7 mm，锁住后在层门外扒门，门锁不应脱钩，如图 3-34 所示。

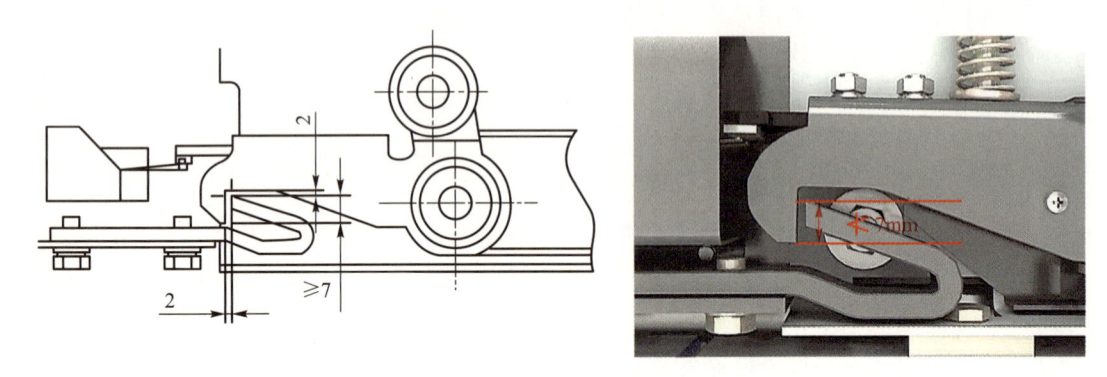

图 3-34　门锁安装示意图（单位：mm）

2. 门锁的调整

（1）调整锁钩与挡块的相对位置，同时要保证主触点的压缩行程为（4±1）mm。调整时用钢直尺测量触点压缩行程，用塞尺测量锁钩间隙。

（2）通过调整动触点与锁盒的相对位置来调整副触点的压缩行程，保证压缩行程为（4±1）mm，如图 3-35 所示。调整时用钢直尺进行测量。

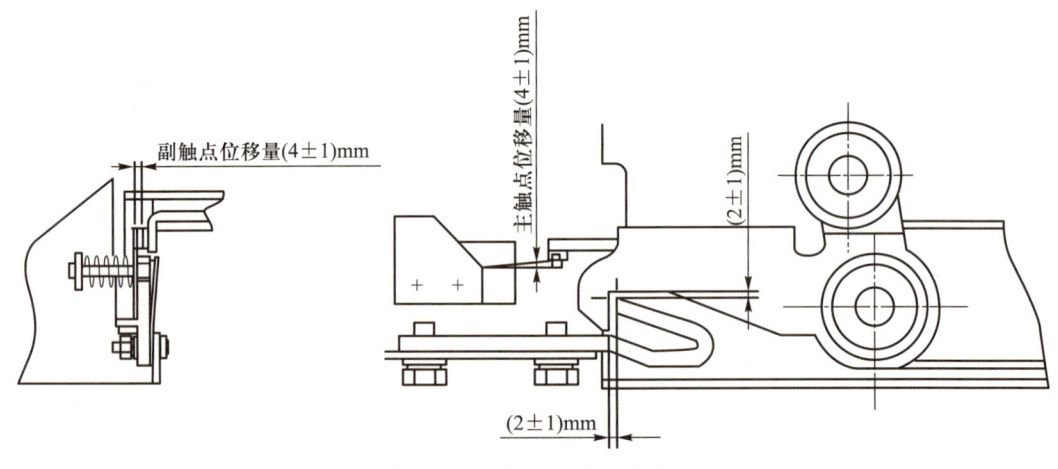

图 3-35　门锁调整示意图

【工作步骤】

步骤一：实训准备

1. 实训前先由指导教师进行安全与规范操作讲解。
2. 准备工具：电梯维修保养的工具器材可见附录 2。

3. 按照学习任务 1.1 中的规范要求做好实训前的准备工作。
4. 检查学生穿戴的安全防护用品，包括工作服、安全帽、绝缘鞋。

步骤二：检修操作

1. 故障现象

电梯到达某层站时，电梯门不能打开，其他楼层开关门正常。

2. 故障分析

电梯到达某一层站时，电梯门不能打开，而其他楼层开关门正常，可以从电梯机械故障方面着手考虑。

电梯正常运行到平层位置时，无法正常开门，通过观察，发现门锁锁钩与挡块无法分开，原因是门锁滚轮损坏，如图 3-36 所示。

3. 故障排除过程

（1）进入机房，检修运行电梯到进出轿顶位置。

（2）按照进出轿顶程序进入轿顶。

图 3-36 门锁滚轮损坏

（3）轿顶检修运行，检查轿厢门和层门门锁滚轮工作情况。

（4）对锁钩、锁臂、滚轮、弹簧等零件进行检查，用螺栓在门头上安装挡块部件，锁钩部件安装在门挂板上，如图 3-37 所示。

（5）检查锁钩与定位挡块之间的间隙，在门锁电气触点接通时，锁钩与定位挡块的吻合深度不小于 7 mm，但同时要保证开门时锁钩的机械灵活性应不大于 10 mm，锁住后在层门外扒门，门锁不应脱钩。层门关好后，门锁开关与触点接触必须良好，调整门锁锁钩，须用定位螺栓加以固定，如图 3-38 所示。

（6）调整完成后拧紧门锁螺栓，如图 3-39 所示。

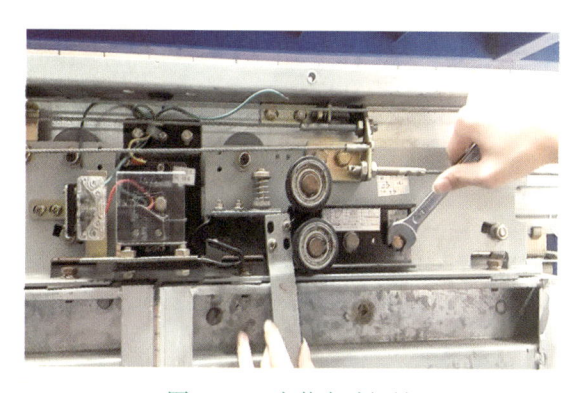

图 3-37 安装自动门锁

图 3-38 调整门锁锁钩

图 3-39　拧紧门锁螺栓

步骤三：总结和讨论

1. 将门锁滚轮损坏的维修操作步骤记录于表 3-7 中。

表 3-7　门锁滚轮损坏维修记录表

步骤	操作要领	注意事项
步骤 1		
步骤 2		
步骤 3		
步骤 4		
步骤 5		
步骤 6		
步骤 7		
步骤 8		

2. 分组讨论学习电梯门锁滚轮损坏维修的心得体会（可相互叙述操作方法，再交换角色进行）。

【任务拓展】

当电梯即将到达某层站时，出现层门开启不顺畅、开门过程中有异响甚至无法开门故障。产生此故障的原因有电梯门锁滚轮损坏、门刀损坏、门挂板损坏等，需要逐一查找问题、逐一排除。例如，电梯门锁滚轮损坏，只是引发故障的一个因素，也可能还有其他引发该故障的故障点。

【任务小结】

诊断与排除电梯门锁滚轮损坏故障,首先从故障现象入手,判断是门刀损坏引发故障还是门锁滚轮损坏引发故障,在分析过程中应注重区分故障现象是个别楼层还是全部楼层,对应采取不同的解决方法:个别楼层产生的故障现象一般需检查调整该层层门的门锁滚轮工作情况;而全部楼层都不停梯,则需检查和调整轿厢门门刀的工作情况。

项目总结

本项目的轿厢门传动带损坏、层门地坎偏移、平层装置故障、轿厢门导轨变形、门刀移位或损坏和门锁滚轮损坏 6 个工作任务,均选自电梯故障发生频率较高的典型机械故障,也是近年国赛电梯赛项的赛题。通过完成这 6 个任务,使学习者对电梯的一般机械故障有较为全面深入的了解。电梯的机械结构由许多部分组成,每个部件都可能影响电梯的正常安全运行。排除电梯机械系统故障的关键是诊断,要对故障的部位与原因做出正确判断,应熟悉电梯的机械结构,并善于掌握故障发生的规律,掌握正确的排故方法:

1. 诊断与排除电梯到站不开门故障,应区分故障现象是个别楼层不开门还是全部楼层都不开门,对应采取不同的解决方法。

2. 诊断与排除电梯的层门地坎偏移故障,应正确分析故障现象,按照故障检测方法判断地坎偏移位置,并采用正确调整方法排除故障。

3. 诊断与排除电梯平层装置故障,首先从故障现象入手,判断是遮光板故障还是平层感应器故障。

4. 诊断与排除电梯的轿厢门导轨变形及系统部件故障,首先从故障现象入手,判断故障产生在哪个位置,在分析过程中应注重区分故障现象特点,对应采取不同的解决方法。

5. 诊断与排除电梯的门刀位置偏差故障,首先从故障现象入手,判断是门刀故障还是门锁滚轮故障,在分析过程中应注重区分故障现象是个别楼层偶发故障还是全部楼层发生故障,对应采取不同的解决方法。

思考与练习题

一、填空题

1. 制动器在松闸时两侧闸瓦应同步离开制动轮表面,且其间隙应不大于_____mm。
2. 电梯平层精度应符合以下要求:额定速度 ≤ 0.63 m/s 的交流双速电梯,应在_____范围内;额定速度 >0.63 m/s 且 ≤ 1.0 m/s 的交流双速电梯,应在_____范围内;其他调速方式的电梯,应在_____范围内。
3. 电梯平层装置一般由_____和_____组成。

4. 门系统是乘客或货物的进出口，它由_____、_____、_____、_____、_____和_____等组成；只有当所有的_____和_____关闭后，电梯才能运行。

5. 层门锁钩、锁臂及触点动作应灵活，在电气安全装置动作之前，锁紧元件的最小啮合长度为_____mm。

6. 门刀与层门地坎、门锁滚轮与轿厢地坎间隙应为_____mm。

7. 对重下端与对重缓冲器顶端的距离，如果是弹簧缓冲器应为_____mm，如果是液压缓冲器应为_____mm。

8. 轿厢门关闭后的门缝隙应不大于_____mm。

9. 导轨连接板与导轨底部加工面的平面度应不大于_____mm。

10. 三个端站开关（由电梯行程的里面到外面）分别是_____开关、_____开关和_____开关。

二、选择题

1. 电梯制动不够迅速是制动器间隙过大造成的，制动器间隙应不大于（　　）mm。
A. 0.6　　　　　B. 0.7　　　　　C. 0.8　　　　　D. 0.9

2. 平层感应器安装在轿顶横梁上，利用装在轿厢导轨上的隔磁板（遮光板），使感应器动作，控制（　　）。
A. 轿厢上升　　　B. 轿厢下降　　　C. 轿厢速度　　　D. 平层开门

3. 当电梯个别楼层不平层，应该优先调整（　　）。
A. 平层插板　　　B. 平层感应器　　C. 旋转编码器　　D. 轿厢

4. 当电梯全部楼层都不平层，应该优先调整（　　）。
A. 平层插板　　　B. 平层感应器　　C. 旋转编码器　　D. 轿厢

5. 下列关于平层术语表述不正确的是（　　）。
A. 平层是在平层区域内，使轿厢地坎平面与层门地坎平面达到同一平面的运动
B. 平层区是轿厢停靠上方和下方的一段有限区域，在此区域内可以用平层装置来使轿厢运行达到平层要求
C. 平层准确度是轿厢根据控制系统指令到达目的层站停靠后，门完全打开，在没有负载变化的情况下，轿厢地坎上平面与层门地坎上平面之间垂直方向的最大差值
D. 平层保持精度是轿厢根据控制系统指令到达目的层站停靠后，门完全打开，在没有负载变化的情况下，轿厢地坎上平面与层门地坎上平面之间垂直方向的最大差值

6. 下列关于平层术语表述不正确的是（　　）。
A. 平层是在平层区域内，使轿厢地坎平面与层门地坎平面达到同一平面的运动
B. 平层保持精度是轿厢根据控制系统指令到达目的层站停靠后，门完全打开，在没有负载变化的情况下，轿厢地坎上平面与层门地坎上平面之间垂直方向的最大差值
C. 平层保持精度是在电梯装卸载过程中轿厢地坎和层站地坎间垂直方向的最大差值
D. 再平层（微动平层）是当电梯停靠开门期间，由于负载变化，检测到轿厢地坎与层

门地坎平层差距过大时，电梯自动运行使轿厢地坎与层门地坎再次平层的功能

7. 电梯轿厢在所有层站平层准确度均超出标准要求，可能的原因是（　　）。

A. 行程终端限位保护开关的挡板移位

B. 平层感应器移位

C. 该层的平层隔磁板（遮光板）移位

D. 强迫减速开关移位

8. 电梯轿厢在停靠某一楼层时，轿厢地坎明显高于层门地坎，超出标准要求。而在其他楼层均能够准确停靠。

（1）故障原因可能是（　　）。

A. 平层感应器上移位

B. 平层感应器下移位

C. 该层的平层遮光板（隔磁板）上移位

D. 该层的平层遮光板（隔磁板）下移位

（2）检修方法应是（　　）。

① 测量出轿厢地坎与层门地坎的高度差并记录

② 按规范程序进入轿顶，将该楼层的平层遮光板（隔磁板）按测量的距离垂直向上调

③ 按规范程序进入轿顶，将该楼层的平层遮光板（隔磁板）按测量的距离垂直向下调

④ 按规范程序进入轿顶，将平层感应器按测量的距离垂直向上调

⑤ 按规范程序进入轿顶，将平层感应器按测量的距离垂直向下调

⑥ 完成调节后，检查支架的水平度以及遮光板与感应器配合的尺寸是否均匀

⑦ 退出轿顶，恢复电梯的正常运行，验证电梯是否平层，如果还是不平层则再次调节直至完全平层，最后紧固支架螺栓

A. ①→②→⑥→⑦　　　　　　B. ①→③→⑥→⑦

C. ①→④→⑥→⑦　　　　　　D. ①→⑤→⑥→⑦

9. 电梯轿厢在停靠某一楼层时，轿厢地坎明显低于层门地坎，超出标准要求。而在其他楼层均能够准确停靠。

（1）故障原因可能是（　　）。

A. 平层感应器上移位

B. 平层感应器下移位

C. 该层的平层遮光板（隔磁板）上移位

D. 该层的平层遮光板（隔磁板）下移位

（2）检修方法应是（　　）。

① 测量出轿厢地坎与层门地坎的高度差并记录

② 按规范程序进入轿顶，将该楼层的平层遮光板（隔磁板）按测量的距离垂直向上调

③ 按规范程序进入轿顶，将该楼层的平层遮光板（隔磁板）按测量的距离垂直向下调

④ 按规范程序进入轿顶，将平层感应器按测量的距离垂直向上调

⑤ 按规范程序进入轿顶，将平层感应器按测量的距离垂直向下调

⑥ 完成调节后检查支架的水平度以及遮光板与感应器配合的尺寸是否均匀

⑦ 退出轿顶，恢复电梯的正常运行，验证电梯是否平层，如果还是不平层则再次调节直至完全平层，最后紧固支架螺栓

A. ①→②→⑥→⑦　　　　　　　B. ①→③→⑥→⑦
C. ①→④→⑥→⑦　　　　　　　D. ①→⑤→⑥→⑦

10. 电梯轿厢在全部楼层停靠时轿厢地坎都明显高于层门地坎，超出标准要求。

（1）故障原因可能是（　　）。

A. 平层感应器上移位
B. 平层感应器下移位
C. 该层的平层遮光板（隔磁板）上移位
D. 该层的平层遮光板（隔磁板）下移位

（2）检修方法应是（　　）。

① 测量出轿厢地坎与层门地坎的高度差并记录

② 按规范程序进入轿顶，将该楼层的平层遮光板（隔磁板）按测量的距离垂直向上调

③ 按规范程序进入轿顶，将该楼层的平层遮光板（隔磁板）按测量的距离垂直向下调

④ 按规范程序进入轿顶，将平层感应器按测量的距离垂直向上调

⑤ 按规范程序进入轿顶，将平层感应器按测量的距离垂直向下调

⑥ 完成调节后检查支架的水平度以及遮光板与感应器配合的尺寸是否均匀

⑦ 退出轿顶，恢复电梯的正常运行，验证电梯是否平层，如果还是不平层则再次调节直至完全平层，最后紧固支架螺栓

A. ①→②→⑥→⑦　　　　　　　B. ①→③→⑥→⑦
C. ①→④→⑥→⑦　　　　　　　D. ①→⑤→⑥→⑦

11. 电梯轿厢在全部楼层停靠时轿厢地坎都明显低于层门地坎，超出标准要求。

（1）故障原因可能是（　　）。

A. 平层感应器上移位
B. 平层感应器下移位
C. 该层的平层遮光板（隔磁板）上移位
D. 该层的平层遮光板（隔磁板）下移位

（2）检修方法应是（　　）。

① 测量出轿厢地坎与层门地坎的高度差并记录

② 按规范程序进入轿顶，将该楼层的平层遮光板（隔磁板）按测量的距离垂直向上调

③ 按规范程序进入轿顶，将该楼层的平层遮光板（隔磁板）按测量的距离垂直向下调

④ 按规范程序进入轿顶，将平层感应器按测量的距离垂直向上调

⑤ 按规范程序进入轿顶，将平层感应器按测量的距离垂直向下调

⑥ 完成调节后检查支架的水平度以及遮光板与感应器配合的尺寸是否均匀

⑦ 退出轿顶，恢复电梯的正常运行，验证电梯是否平层，如果还是不平层则再次调节直至完全平层，最后紧固支架螺栓

A. ①→②→⑥→⑦ B. ①→③→⑥→⑦
C. ①→④→⑥→⑦ D. ①→⑤→⑥→⑦

12. 电梯轿厢的平层准确度宜在 ±（　　）mm 范围内，平层保持精度宜在 ±（　　）mm 范围内。

A. 5　　　　B. 10　　　　C. 20　　　　D. 30

13. 电梯层门被人在门外撞开了。请分析主要是（　　）故障导致的。

A. 层门门锁啮合深度不到 7 mm　　B. 层门导靴螺钉松动
C. 层门自闭装置已脱落　　D. 以上都不是

14. 电梯运行到 2 楼后，轿厢门和层门都打不开，而在其他各层开关门都正常。

（1）故障原因可能是（　　）。

A. 平层装置故障　　B. 门电动机电源故障
C. 门电动机控制电路故障　　D. 2 楼的自动门锁锁轮损坏

（2）检修方法应是（　　）。

① 在机房控制柜内检查开门信号是否正常
② 检查开门控制电路
③ 按规范程序进入轿顶，检查 2 楼门机构机械部分
④ 更换损坏的门锁锁轮
⑤ 检查门电动机
⑥ 退出轿顶，恢复电梯的正常运行，检验在 2 楼开门是否正常

A. ①→②→⑤ B. ①→③→⑤
C. ③→④→⑥ D. ④→③→⑥

15. 电梯关门时夹人的原因可能有（　　）。

A. 安全触板微动开关出现故障　　B. 门锁开关接线短路
C. 按关门按钮　　D. 以上都不是

16. 造成电梯冲顶或蹲底的原因不可能是（　　）。

A. 超载下行
B. 钢丝绳打滑
C. 安全开关不起作用，压缩缓冲器且缓冲器安全开关动作
D. 制动器不能抱闸

17. 维修人员对电梯进行维护修理前，应在轿厢内或入口的明显处挂上"（　　）"警示牌。

A. 注意安全　　B. 保养照常使用
C. 有人操作，禁止合闸　　D. 检修停用

18. 当（　　）开关动作时，电梯应强迫减速。

A. 强迫减速　　B. 安全钳　　C. 终端限位　　D. 终端极限

19. 当（　　）开关动作时，电梯应强迫停梯。
   A. 强迫减速　　　B. 安全钳　　　C. 终端限位　　　D. 终端极限
20. 当（　　）开关动作时，电梯应切断电源。
   A. 强迫减速　　　B. 安全钳　　　C. 终端限位　　　D. 终端极限

三、判断题

（　）1. 电梯轿厢在 2 楼不平层，轿厢地坎低于层门地坎，调整的方法是：把 2 楼的平层遮光板向下调。

（　）2. 电梯不平层故障只需调整平层感应器或平层遮光板的位置，而不需要或不考虑调整其他部件就可解决故障问题。

（　）3. 电梯试运行时，各层层门必须设置防护栏。

（　）4. 如果门锁开关损坏，可以将门锁开关触点短接来使电梯暂时运行。

（　）5. 导轨与支架之间可以采用焊接固定。

（　）6. 油杯是安装在导靴上给导轨和导靴润滑的自动润滑装置。

四、学习记录与分析

1. 小结电梯轿厢门传动带损坏故障诊断与排除的主要收获与体会。
2. 小结层门地坎偏移故障诊断与排除的主要收获与体会。
3. 小结更换平层装置故障诊断与排除的主要收获与体会。
4. 小结轿厢门导轨变形故障诊断与排除的主要收获与体会。
5. 小结门刀移位或损坏故障诊断与排除的主要收获与体会。
6. 小结门锁滚轮损坏故障诊断与排除的主要收获与体会。

项目 4 电梯的维护保养

项目目标

本项目的 6 个维保任务包括 2 楼外呼按钮损坏、更换限速器钢丝绳、更换轿厢导靴靴衬、限速器 – 安全钳联动测试、更换曳引钢丝绳的绳头组合和门旁路装置测试，均选自电梯典型的维保项目，也是近年国赛电梯赛项的赛题。通过完成这 6 个任务，要掌握电梯日常维护保养的基本操作方法。同时，进一步学习维修保养工作中的安全操作规范，培养规范操作的良好习惯，提高安全意识与职业素养。

项目必备知识

电梯的日常维护保养

《电梯维护保养规则》规定：电梯的维保分为半月、季度、半年、年度维保。维保单位应当依据其要求，按照安装使用维护说明书的规定，并且根据所保养电梯使用的特点，制订合理的维保计划与方案，对电梯进行清洁、润滑、检查、调整，更换不符合要求的易损部件，使电梯达到安全要求，保证电梯能够正常运行。

任务 4.1　维保任务 1——2 楼外呼按钮损坏

【任务目标】

应知
1. 掌握 2 楼外呼按钮的检查、维修（更换）与调整的基本步骤和操作要领。
2. 了解电梯故障排除的基本步骤和方法。

应会
1. 能够正确、规范地排除 2 楼外呼按钮损坏故障。

2. 养成良好的安全意识与职业素养。

【知识准备】

呼梯按钮箱

呼梯按钮箱是提供给厅外乘用人员召唤电梯的装置。在下端站只装一个上行呼梯按钮（简称上呼按钮），在上端站只装一个下行呼梯按钮（简称下呼按钮），外呼面板如图4-1所示。其余的层站根据电梯功能，装有上呼和下呼两个按钮（全集选），也有的仅装一个下呼梯按钮（下集选），各按钮内均装有指示灯。当按下上呼或下呼按钮时，相应的呼梯指示灯立即亮。当电梯到达某一层站时，该层顺向呼梯指令响应，指示灯熄灭。

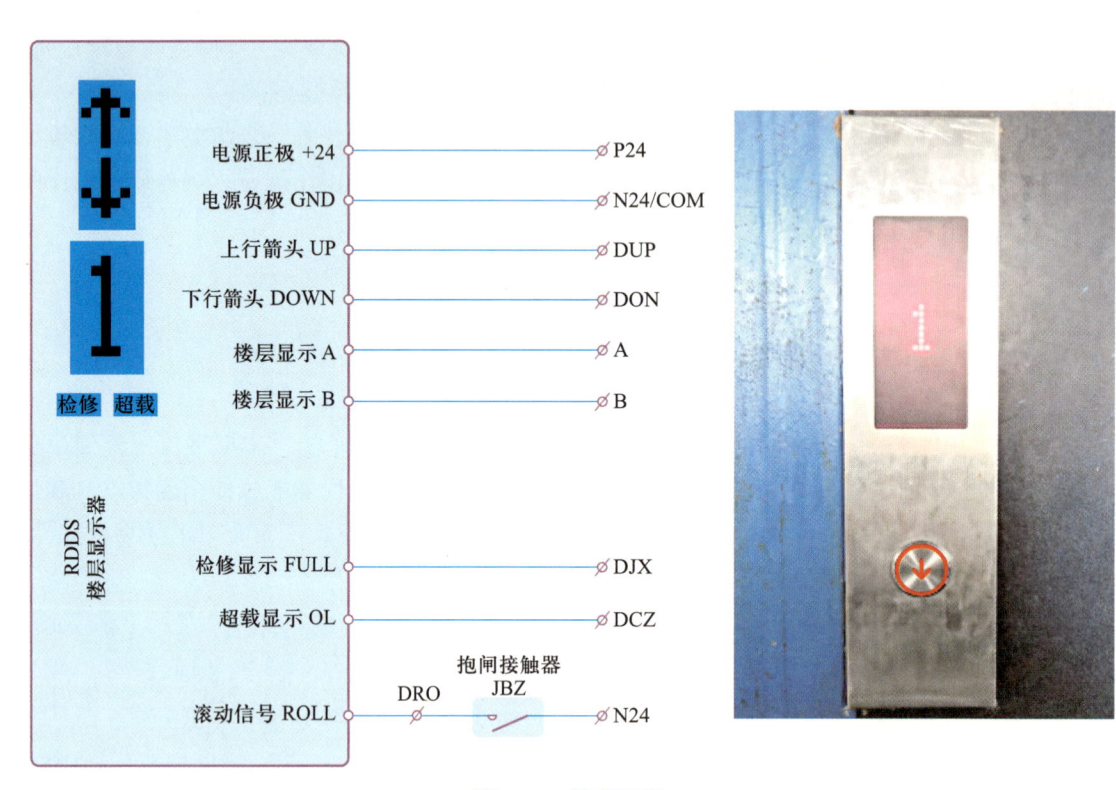

图4-1 外呼面板

另外，在基站层门外的呼梯按钮箱上方设置消防开关，消防开关接通时电梯进入消防运行状态。在基站呼梯按钮箱上设置钥匙锁梯开关。

【工作步骤】

步骤一：实训准备

1. 实训前先由指导教师进行安全与规范操作讲解。

2. 准备工具：电梯维修保养的工具器材可见附录 2。
3. 按照学习任务 1.1 中的规范要求做好实训前的准备工作。
4. 检查学生穿戴的安全防护用品，包括工作服、安全帽、绝缘鞋。

步骤二：检查外呼功能

电梯轿厢停在 1 楼，处于正常运行状态，按 2 楼外呼按钮，按钮指示灯亮，松手后熄灭，不能登记呼梯信号。

步骤三：外呼按钮的故障排除

1. 排故思路

（1）判断外呼供电是否正常。

（2）观察一体机主板 L16 输入端指示灯状态。

（3）检查外呼按钮插头或者接线是否有松动。

（4）测量按钮插头 DC24V 供电。

（5）测量按钮信号输出是否正常。

2. 排故步骤

（1）按 2 楼外呼按钮，不能登记呼梯信号，如图 4-2 所示。

（2）观察一体机主板，发现 L16 输入端指示灯不亮，如图 4-3 所示。

图 4-2　检查外呼功能

图 4-3　观察一体机主板 L16 输入端指示灯状态

（3）检查外呼按钮插头和接线排接线端是否有松动，如图4-4所示。

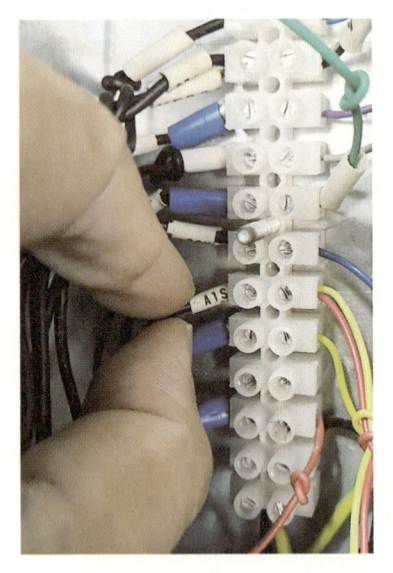

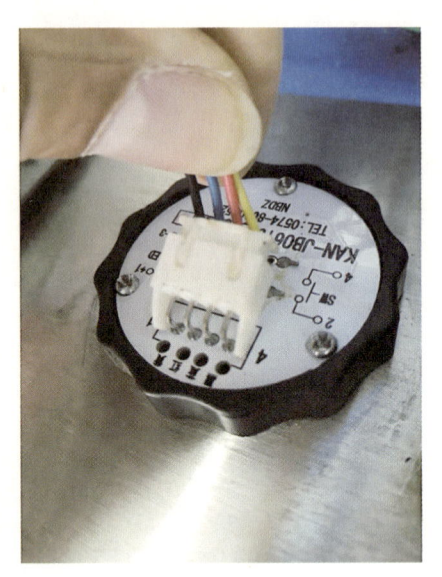

图4-4　检查外呼按钮插头和接线排接线端

（4）外呼面板楼层显示正常，判断外呼面板供电正常。
（5）测量按钮插头DC24V供电正常，如图4-5所示。

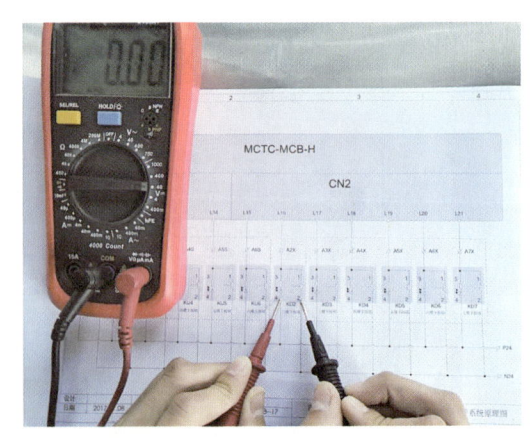

图4-5　测量按钮供电电压

（6）按下2楼外呼按钮，测量按钮插头底座—3输出无电压，判断是按钮损坏，如图4-6所示。
（7）更换按钮后呼梯正常，如图4-7所示。

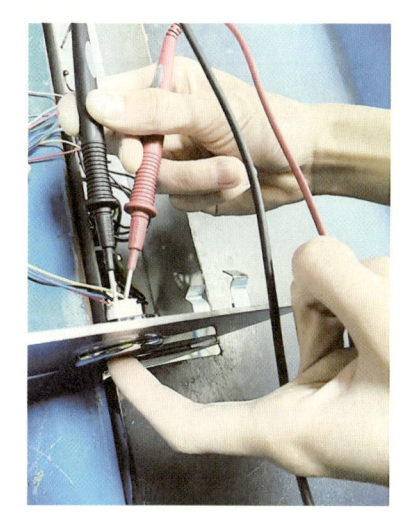

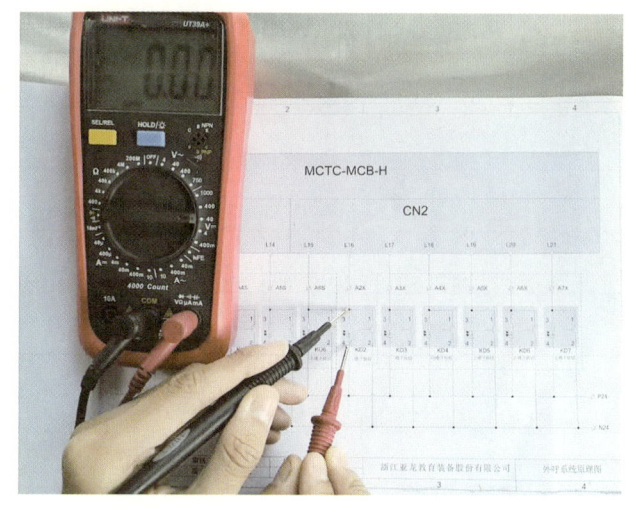

图 4-6　测量按钮输出信号

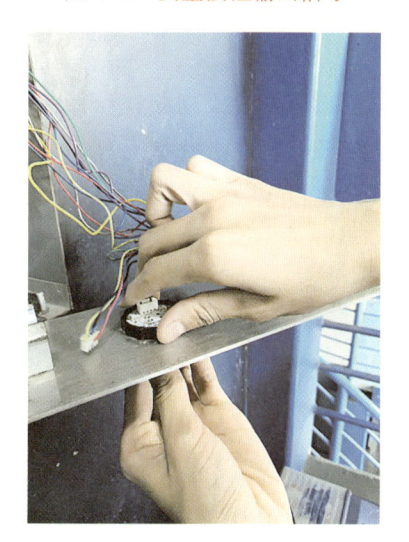

图 4-7　更换按钮

步骤四：总结和讨论

1. 将外呼按钮故障排除步骤记录于表 4-1 中。

表 4-1　外呼按钮故障排除记录表

序号	步骤	相关记录（如操作要领）
1		
2		
3		
4		

续表

序号	步骤	相关记录（如操作要领）
5		
6		
7		
8		

2. 分组讨论学习外呼按钮故障排除的心得体会（可相互叙述操作方法，再交换角色进行）。

【任务小结】

1. 本任务介绍了外呼按钮的故障排除方法，要注意掌握检查外呼功能的方法：通过观察电梯的状况分析故障的位置，先从简单的检查接线和插头入手，再到使用万用表进行检查测量，分别对设备的供电、信号电路、零件进行检查，从而更加快捷地排除故障。

2. 应遵循安全操作的注意事项。

3. 建议此后在每完成一个维保任务之后，及时进行总结归纳。

任务 4.2　维保任务 2——更换限速器钢丝绳

【任务目标】

应知

1. 掌握更换限速器钢丝绳的基本步骤和操作要领。
2. 了解电梯故障排除的基本步骤和方法。

应会

1. 能够正确、规范地更换限速器钢丝绳。
2. 养成良好的安全意识与职业素养。

【知识准备】

检查限速器及钢丝绳（如图 4-8 所示）

1. 检查限速器运转是否灵活可靠，限速器运转时声音应当轻微而且均匀，绳轮运转应没有时松时紧的现象。一般检查方法是：在机房耳听、眼看，若发现限速器有时误动作、打点或有其他异常声音，则说明该限速器有问题，应及时进行检查维修，测试限速器安全动作速度，但不得拆除铅封和调整弹簧尺寸，不能修复的应更换同规格和型号的限速器，并需向主管部门办理相关手续。

2. 检查限速器旋转部位的润滑情况是否良好。

3. 检查限速器上的绳轮有无裂纹及绳槽磨损情况。

4. 检查限速器钢丝绳有无严重断丝、断股、生锈、扭曲变形等问题，如存在上述情况需按电梯使用说明书的要求及时更换。

图 4-8 检查限速器和钢丝绳

【工作步骤】

步骤一：实训准备

1. 实训前先由指导教师进行安全与规范操作讲解。
2. 准备工具：电梯维修保养的工具器材可见附录 2。
3. 按照学习任务 1.1 中的规范要求做好实训前的准备工作。
4. 检查学生穿戴的安全防护用品，包括工作服、安全帽、绝缘鞋。

步骤二：检查限速器钢丝绳

1. 按照操作规范进入轿顶。
2. 在轿顶分段检查限速器钢丝绳，发现钢丝绳断了一股。

步骤三：更换限速器钢丝绳

1. 安全操作注意事项

（1）更换限速器钢丝绳要求轿顶和底坑协同操作，必须注意安全。

（2）上下不能交叉作业。

(3)底坑的维修人员站立在安全位置。
(4)拉动钢丝绳不让速度太快,以免限速器触发锁舌动作。
(5)更换钢丝绳后要调整张紧配重离地距离和限速器钢丝绳断绳开关的距离。

2. 更换步骤

(1)轿顶检修运行至适合维修人员进入底坑为宜,如图4-9所示。

图4-9 轿顶找好站立位置

(2)拔出拉手销轴后将钢丝绳拉手装置缓慢放下直到底坑,如图4-10所示。

图4-10 拆卸钢丝绳拉手装置

（3）使用砝码将限速器张紧装置垫高，如图 4-11 所示。

（4）轿顶的维修人员应该手扶两端的钢丝绳，底坑的维修人员拆卸 U 形夹，如图 4-12 所示。

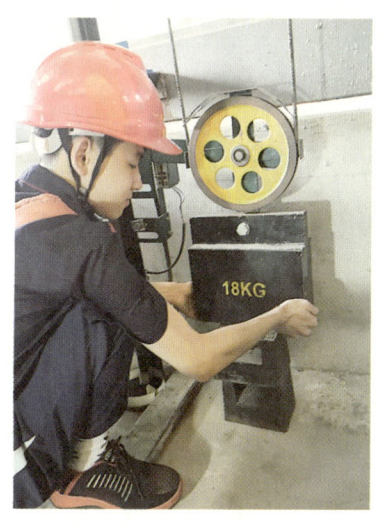

图 4-11　垫高限速器张紧装置　　　图 4-12　拆卸 U 形夹

（5）维修人员到达机房，用一字螺丝刀将钢丝绳提起并整条取出，如图 4-13 所示。

图 4-13　取出钢丝绳

（6）将新的钢丝绳重新放入限速器直至底坑，轿顶的维修人员应该手扶两端的钢丝绳，如图 4-14 所示。

（7）将钢丝绳穿过限速器张紧轮，如图 4-15 所示。

（8）拉紧钢丝绳然后拧紧 U 形夹，钢丝绳的尾部缠上电工胶布，如图 4-16 所示。

图 4-14　放入新钢丝绳

图 4-15　将钢丝绳穿过限速器张紧轮

图 4-16　拧紧 U 形夹并在钢丝绳尾部缠上电工胶布

(9)轿顶的维修人员将限速器钢丝绳拉手装置拉上轿顶,安装销轴固定,如图4-17所示。

图4-17 固定拉手装置

(10)搬离限速器张紧装置的砝码。

(11)测量限速器张紧装置底端离地距离并且检查调整断绳开关的尺寸,确保限速器张紧装置底端与地距离大于断绳开关的动作距离,如图4-18所示。

图4-18 测量限速器张紧装置底端与地距离

(12)检修运行,检查限速器各部件转动是否正常、无异响。
(13)进入正常运行,检查限速器各部件的运行状态。

步骤四:总结和讨论

1. 将更换限速器钢丝绳的操作步骤记录于表4-2中。

表 4-2　更换限速器钢丝绳操作步骤记录表

序号	步骤	相关记录（如操作要领）
1		
2		
3		
4		
5		
6		
7		
8		

2. 分组讨论学习更换限速器钢丝绳的心得体会（可相互叙述操作方法，再交换角色进行）。

【任务小结】

本任务介绍了更换限速器钢丝绳的方法。要注意掌握检查限速器钢丝绳的方法。在更换限速器钢丝绳后，要测量限速器张紧装置底端与地距离，并且检查调整与断绳开关的距离，确保限速器张紧装置底端与地距离大于断绳开关动作的距离。

任务 4.3　维保任务 3——更换轿厢导靴靴衬

【任务目标】

应知
1. 掌握更换轿厢导靴靴衬的基本步骤和操作要领。
2. 了解电梯故障排除的基本步骤和方法。

应会
1. 能够正确、规范地更换轿厢导靴靴衬。
2. 养成良好的安全意识与职业素养。

【知识准备】

导靴的作用

导靴是确保轿厢和对重装置分别沿着轿厢导轨和对重导轨上下运行的重要机件，也是保持轿厢踏板与层门踏板、轿厢体与对重装置在井道内相对处于恒定位置关系的装置。导靴分为轿厢导靴和对重导靴两种,轿厢导靴安装在轿厢架的上梁上面和下梁的安全钳座下面,对重导靴安装在对重架的上部和下部。

导靴的种类按其在导轨工作面上的运动方式,可分为滑动导靴和滚动导靴两种,如图4-19 所示。

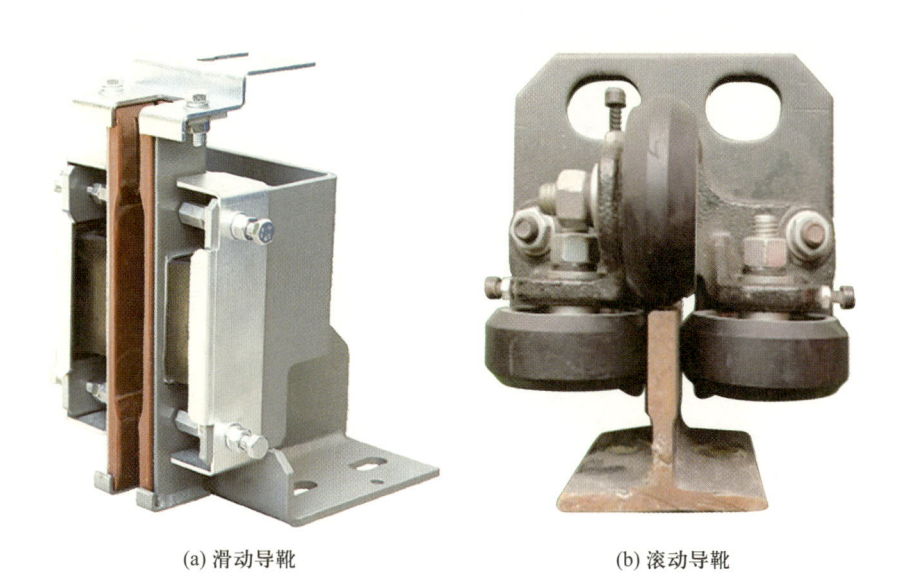

(a) 滑动导靴　　　　(b) 滚动导靴

图 4-19　导靴

【工作步骤】

步骤一：实训准备
1. 实训前先由指导教师进行安全与规范操作讲解。
2. 准备工具：电梯维修保养的工具器材可见附录 2。
3. 按照学习任务 1.1 中的规范要求做好实训前的准备工作。
4. 检查学生穿戴的安全防护用品,包括工作服、安全帽、绝缘鞋。

步骤二：检查导靴靴衬
1. 按照操作规范进入轿顶。
2. 在轿顶检修运行或者站立在轿顶摇动身体的时候感觉轿厢晃动较大,可初步判定导靴磨损过大。
3. 根据需要对导靴和靴衬进行检查。

步骤三：更换导靴靴衬
1. 安全操作注意事项

（1）操作前必须按下急停按钮。

（2）轿顶的维修人员必须系好安全带。

（3）拆卸导靴前必须在横梁上做好标记。
（4）安装油杯时注意油杯口与导轨分中，吸油棉线应能接触导轨。

2. 更换步骤

（1）维修人员站在轿顶安全位置，系好安全带，如图 4-20 所示，然后按下急停按钮。

图 4-20　站在轿顶安全位置

（2）拆卸油杯后放置在轿顶平稳处，如图 4-21 所示。

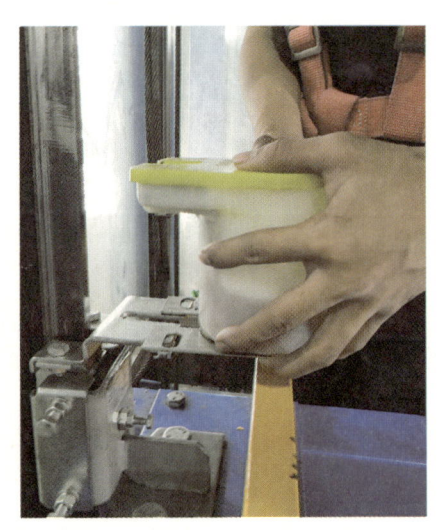

图 4-21　拆卸油杯

（3）使用记号笔在导靴和上梁固定的位置做好标记，如图 4-22 所示。
（4）使用扳手拧松固定螺钉，拆卸导靴，如图 4-23 所示。
（5）拆掉靴衬压板取出靴衬，如图 4-24 所示。

任务 4.3　维保任务 3——更换轿厢导靴靴衬　129

图 4-22　拆卸前做好标记

图 4-23　拆卸导靴

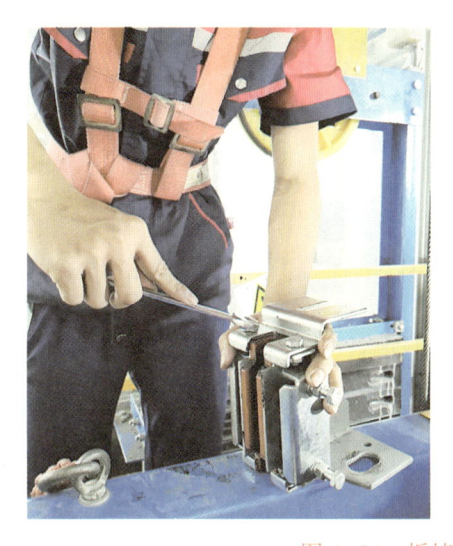

图 4-24　拆掉靴衬压板取出靴衬

（6）用抹布擦干净靴衬，检查磨损程度，发现靴衬已磨损严重，需要更换，如图4-25所示。
（7）更换新的靴衬并固定压板，如图4-26所示。

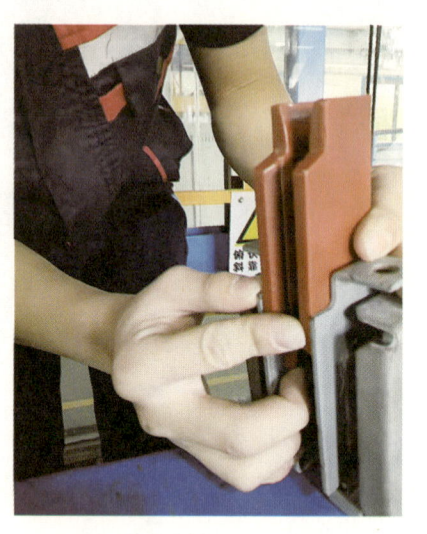

图4-25　检查靴衬　　　　图4-26　更换新的靴衬

（8）使用手锤柄撬动轿箱上梁，便于安装导靴固定螺钉，如图4-27所示。

图4-27　安装导靴固定螺钉

（9）按照拆卸前做的标记拧紧导靴固定螺钉。
（10）测量轿顶上梁左边和右边与导轨的距离，两者应相等，如图4-28所示。
（11）使用塞尺测量，两边靴衬正面与导轨应各有1 mm的间隙，如图4-29所示。
（12）安装油杯，调整油杯位于导轨正中位置，检查吸油棉线是否接触导轨，如图4-30所示。

任务 4.3　维保任务 3——更换轿厢导靴靴衬　131

图 4-28　测量轿厢上梁左边和右边与导轨的距离

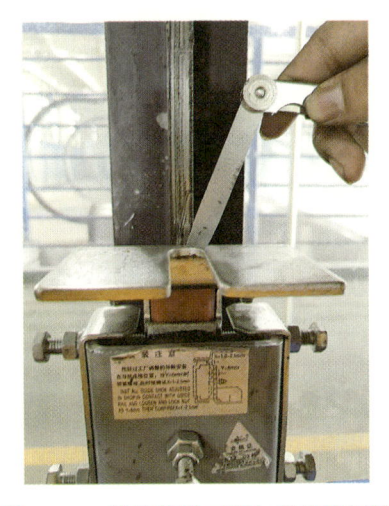

图 4-29　测量靴衬正面与导轨的间隙　　　　图 4-30　安装油杯

（13）检修运行，检查是否有异响和碰撞。

步骤四：总结和讨论

1. 将更换轿厢导靴靴衬的操作步骤记录于表 4-3 中。

表 4-3　更换轿厢导靴靴衬操作步骤记录表

序号	步骤	相关记录（如操作要领）
1		
2		
3		
4		
5		

续表

序号	步骤	相关记录（如操作要领）
6		
7		
8		

2. 分组讨论学习更换轿厢导靴靴衬的心得体会（可相互叙述操作方法，再交换角色进行）。

【任务小结】

本任务介绍了更换轿厢导靴靴衬的方法。要注意掌握以下操作要领：

1. 检查导靴靴衬的方法。
2. 拆卸导靴前必须在横梁上做好标记；在安装时按照拆卸前做的标记拧紧导靴固定螺钉。
3. 完成安装后要测量轿顶上梁左边和右边与导轨的距离，两者应相等；两边靴衬正面与导轨各有 1 mm 的间隙。
4. 安装油杯的时候注意油杯口位置，调整油杯位于导轨正中位置，检查吸油棉是否接触导轨。

任务 4.4　维保任务 4——限速器 - 安全钳联动测试

【任务目标】

应知

1. 掌握限速器 - 安全钳联动测试的基本步骤和操作要领。
2. 了解电梯功能试验的基本步骤和方法。

应会

1. 能够正确、规范地进行限速器 - 安全钳联动测试。
2. 养成良好的安全意识与职业素养。

【知识准备】

限速器 - 安全钳装置

限速器 - 安全钳装置是电梯主要的超速保护装置，是电梯安全保护系统中的重要组成部分。当电梯在运行中无论何种原因使轿厢发生超速（超过电梯额定速度的115%）时，如果其他安全保护装置不起作用，则限速器和安全钳发生联动动作，继而产生机械动作触动限速器开关或者安全钳联动开关，从而切断安全电路，使曳引机制动，电梯轿厢停住。如果此时电梯仍然无法制动，则安装在轿厢底部的安全钳动作将轿厢强制制停。限速器是发出指令的部件，而安全钳是执行指令的部件。

【工作步骤】

步骤一：实训准备
1. 实训前先由指导教师进行安全与规范操作讲解。
2. 准备工具：电梯维修保养的工具器材可见附录2。
3. 按照学习任务1.1中的规范要求做好实训前的准备工作。
4. 检查学生穿戴的安全防护用品，包括工作服、安全帽、绝缘鞋。

步骤二：安全操作注意事项
1. 测试停梯的位置应便于将轿顶的安全钳开关复位。
2. 测试前必须先拔掉JDD紧急电动继电器。
3. 必须断电后短接安全电路和动作限速器装置，不得用手动作或复位限速器电气开关和触发锁舌。
4. 测试完毕必须立刻拆除短接线。
5. 测试完毕必须检查安全楔块是否完全复位。
6. 维保人员互相配合，应答操作。

步骤三：操作步骤
1. 操作电梯紧急电动检修运行（如图4-31所示），使轿厢停在便于进入轿顶的位置。
2. 断电后拔出JDD紧急电动继电器，进行限速器-安全钳联动测试，如图4-32所示。

图4-31 检修运行　　图4-32 拔出JDD紧急电动继电器

3. 检修下行，人为将限速器电气开关动作，使电梯安全电路断开，如图 4-33 所示。
4. 断电后短接限速器电气开关（端子号 105—106），如图 4-34 所示。

图 4-33　将限速器电气开关动作 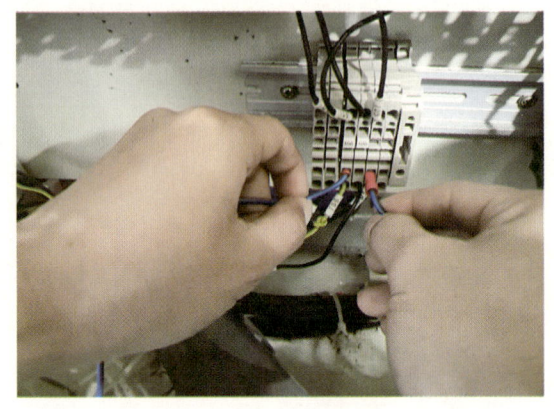　　　　　图 4-34　短接限速器电气开关

5. 使用工具触发限速器锁舌动作，检修继续下行，安全钳联动机构（安全钳开关）动作，如图 4-35 所示。

图 4-35　触发限速器锁舌动作

6. 断电后插入 JDD 紧急电动继电器，机房检修状态时线路中 03A—107 被短接，直接将限速器电气开关和安全钳安全开关短接（安全电路如图 4-36 所示），使其失去作用。

图 4-36 安全电路

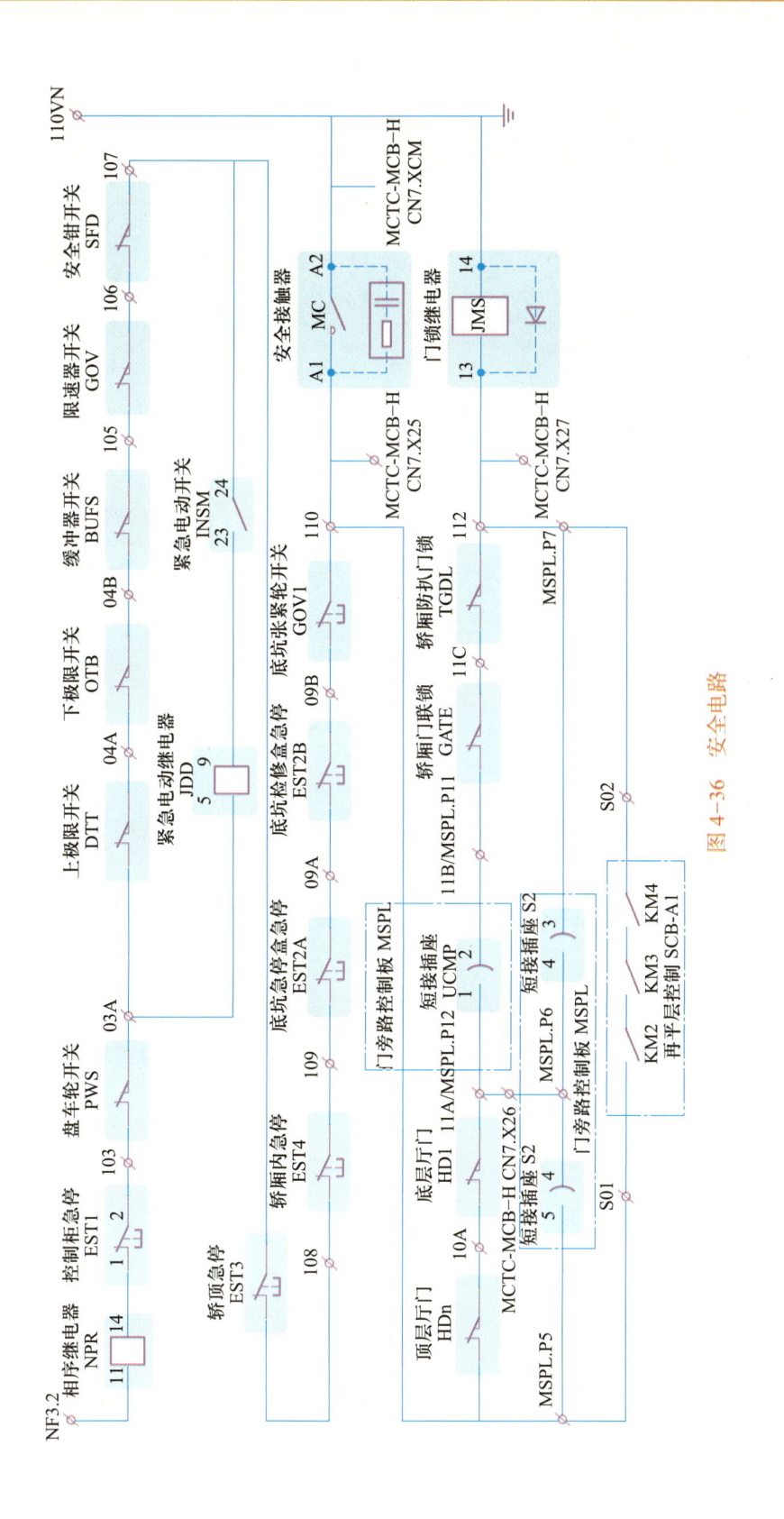

7. 继续检修下行，观察到钢丝绳与曳引轮打滑，确认安全钳已动作夹持轿厢，使轿厢不能继续向下移动，如图 4-37 所示。

8. 检修上行约 300 mm，使安全钳自动复位，如图 4-38 所示。

图 4-37　钢丝绳与曳引轮打滑　　　图 4-38　检修上行使安全钳复位

9. 断电后拔掉 JDD 紧急电动继电器，拆除限速器电气开关短接线。

10. 将限速器电气开关和锁舌复位，如图 4-39 所示。

图 4-39　限速器电气开关和锁舌复位

11. 将轿顶安全钳开关复位，如图 4-40 所示。

12. 检修上下行，检查安全钳联动机构是否有异响。

13. 进入底坑，检查安全钳是否完全复位，确认安全钳楔块与导轨的间隙（应两边相等），如图 4-41 所示。

14. 检查安全钳楔块是否动作顺畅，如图 4-42 所示。

15. 检查安全钳夹持导轨的位置是否有损伤，如损伤严重则可用导轨刨刀或锉刀打磨清理抛光，如图 4-43 所示。

任务 4.4　维保任务 4——限速器-安全钳联动测试　137

图 4-40　安全钳开关复位

图 4-41　检查安全钳是否完全复位

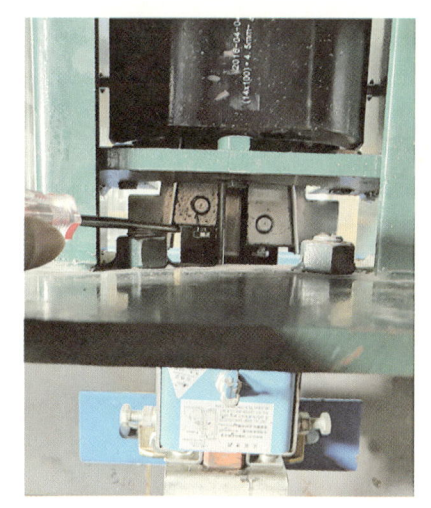

图 4-42　检查安全钳楔块是否动作顺畅

图 4-43　检查安全钳夹持导轨的位置是否有损伤

16. 电梯恢复正常运行，检查运行状况。

步骤四：总结和讨论

1. 将限速器－安全钳联动测试步骤记录于表 4-4 中。

表 4-4　限速器－安全钳联动测试记录表

序号	步骤	相关记录（如操作要领）
1		
2		
3		
4		
5		
6		
7		
8		

2. 分组讨论学习限速器－安全钳联动测试的心得体会（可相互叙述操作方法，再交换角色进行）。

【任务小结】

本任务介绍了限速器－安全钳联动测试的方法。

《电梯维护保养规则》规定，电梯的年度保养需要进行限速器－安全钳联动试验。限速器－安全钳联动试验在《电梯监督检验和定期检验规则——曳引与强制驱动电梯》中是 B 项，需要检验员在现场检验确认，该项检验也是对防止电梯超速和断绳的重要安全保护系统可靠性的验证，是电梯检验过程中必须要做的重要工作。

任务 4.5　维保任务 5——更换曳引钢丝绳的绳头组合

【任务目标】

应知

1. 掌握更换曳引钢丝绳的绳头组合的基本步骤和操作要领。
2. 了解电梯大修工作的基本步骤和方法。

应会

1. 能够正确、规范地更换曳引钢丝绳的绳头组合。
2. 养成良好的安全意识与职业素养。

【知识准备】

曳引钢丝绳的绳头组合

绳头组合是固定钢丝绳端部的装置，曳引钢丝绳必须与绳头进行组合才能与其他机件相连接。绳头组合的质量直接影响组合后钢丝绳的实际强度。按照《电梯技术条件》的规定，绳头组合的拉伸强度应不低于钢丝绳的拉伸强度的 80%。电梯曳引钢丝绳常用的绳头组合方式有绳卡法、插接法、金属套筒法、锥形套筒法和自锁紧楔形绳套法等，如图 4-44 所示。

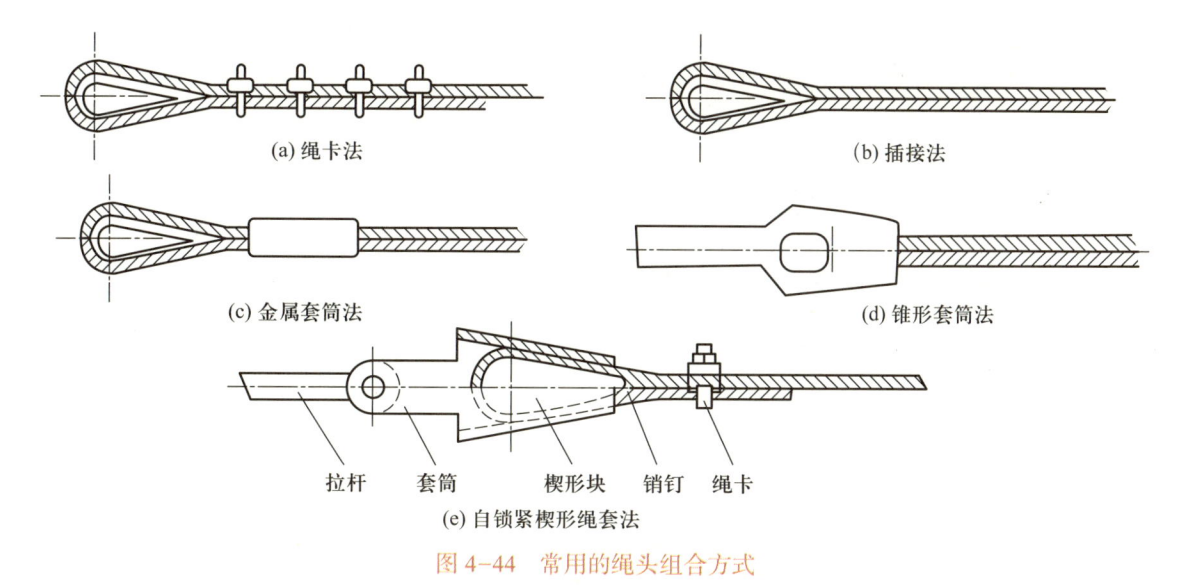

(a) 绳卡法　　　　　　　　　(b) 插接法

(c) 金属套筒法　　　　　　　(d) 锥形套筒法

拉杆　套筒　楔形块　销钉　绳卡
(e) 自锁紧楔形绳套法

图 4-44　常用的绳头组合方式

自锁紧楔形绳套法的绳套分为套筒和楔形块，钢丝绳绕过楔形块套入套筒，依靠楔形块与套筒内孔斜面的配合，使钢丝绳在拉力作用下，自动锁紧。这种组合方式具有拆装方便的优点，不必用巴氏合金浇灌，安装绳头时更方便，工艺更简单，并能获得 80% 以上的钢丝绳强度，但抵抗冲击载荷的能力相对较差。目前新制造的电梯中一般采用这种方法。

【工作步骤】

步骤一：实训准备

1. 实训前先由指导教师进行安全与规范操作讲解。
2. 准备工具：电梯维修保养的工具器材可见附录 2。
3. 按照学习任务 1.1 中的规范要求做好实训前的准备工作。
4. 检查学生穿戴的安全防护用品，包括工作服、安全帽、绝缘鞋。

步骤二：更换绳头组合要领和注意事项

1. 确定需拆卸的绳头组合。
2. 拆卸过程中注意钢丝绳孔洞掉下的异物和灰尘。
3. 必须固定绳头组合防止钢丝绳转动，然后才能拧松或拧紧张力弹簧的固定螺钉。
4. 切记安装楔形块，否则无法固定钢丝绳。

步骤三：操作步骤

1. 将轿顶检修运行至顶层，停于可以进出轿顶的位置。
2. 拆卸有裂纹套筒绳头组合的钢丝绳的两个绳卡，如图 4-45 所示。
3. 用拆下的两个绳卡将相邻钢丝绳锁紧，防止松落，如图 4-46 所示。
4. 测量钢丝绳张力弹簧尺寸，如图 4-47 所示。
5. 拆掉钢丝绳防回旋装置，如图 4-48 所示。

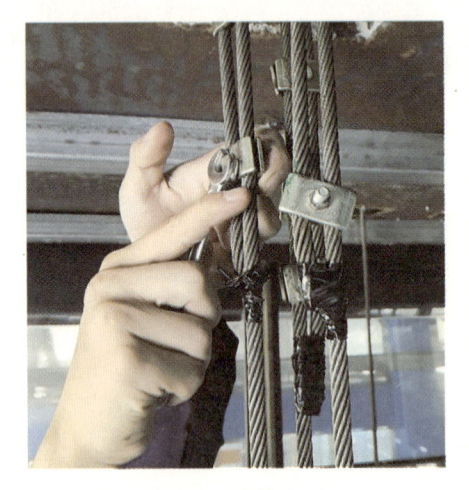

图 4-45　拆卸绳卡　　　　图 4-46　锁紧钢丝绳

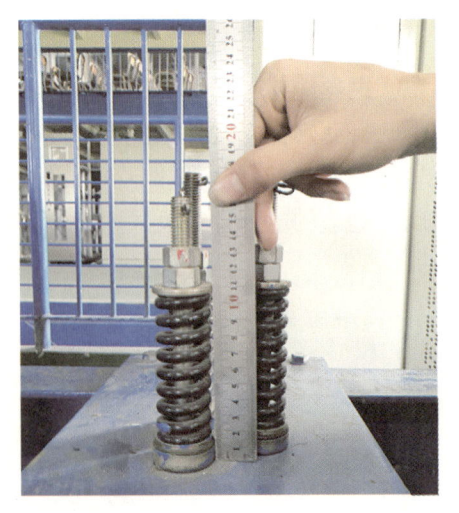

图 4-47　测量钢丝绳张力弹簧尺寸　　　　图 4-48　拆掉钢丝绳防回旋装置

6. 将绳头组合的开口销拔出，拧松固定螺钉取出张力弹簧，如图4-49所示。

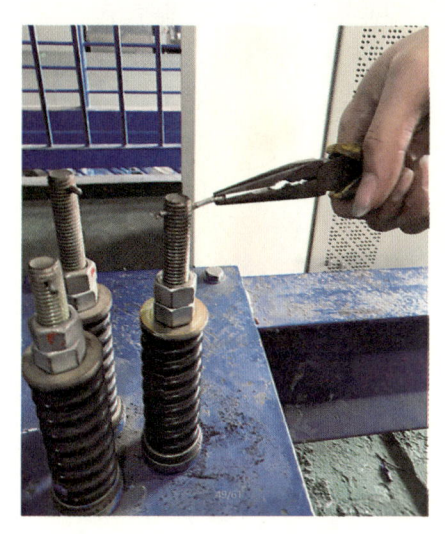

图4-49 取出张力弹簧

7. 位于轿顶的维修人员拆卸绳卡并取下楔形块，如图4-50所示。

图4-50 拆卸绳卡并取下楔形块

8. 更换新的绳头组合并安装楔形块，如图4-51所示。
9. 拉紧钢丝绳，安装绳卡，如图4-52所示。
10. 将绳头组合伸上机房，由两人同步操作，其中一人在机房安装，如图4-53所示。

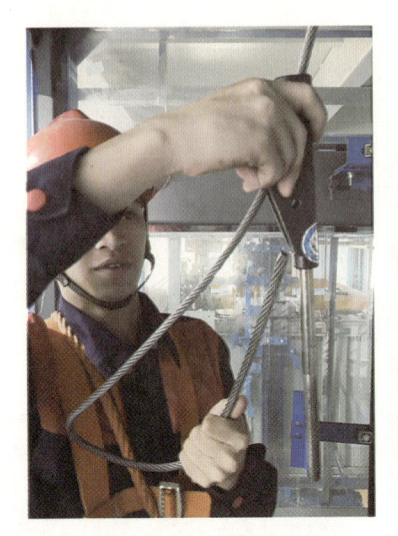

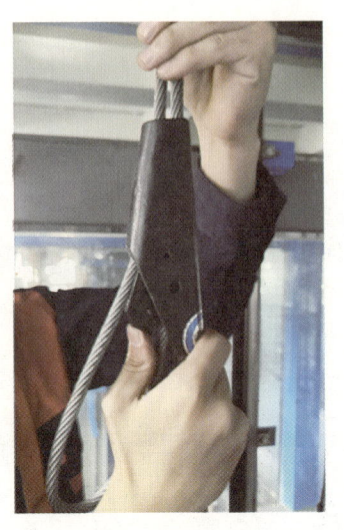

图 4-51　更换新的绳头组合并安装楔形块

图 4-52　安装绳卡

图 4-53　将绳头组合伸上机房

11. 手扶绳头组合，安装张力弹簧，如图 4-54 所示。

图 4-54　安装张力弹簧

12. 用扳手卡住绳头组合，按照之前所测量张力弹簧的尺寸拧紧螺母并锁紧（如图 4-55 所示），穿上开口销，安装钢丝绳回旋装置。

13. 拆除夹在两条钢丝绳上的绳卡，安装在新更换绳头组合的钢丝绳上，钢丝绳尾部包上电工胶布，并测量钢丝绳张力，如图 4-56 所示。

14. 检修运行，检查钢丝绳和绳头组合装置是否有异响和振动。

图 4-55　锁紧螺母

图 4-56　安装绳卡

步骤四：总结和讨论

1. 将更换曳引钢丝绳的绳头组合的操作步骤记录于表 4-5 中。

表 4-5　更换曳引钢丝绳的绳头组合记录表

序号	步骤	相关记录（如操作要领）
1		
2		
3		
4		
5		
6		
7		
8		

2. 分组讨论学习更换曳引钢丝绳的绳头组合的心得体会（可相互叙述操作方法，再交换角色进行）。

【任务小结】

本任务介绍了更换曳引钢丝绳的绳头组合的方法。通过在本次任务中更换自锁紧楔形绳头组合，学会在电梯上对曳引钢丝绳的绳头组合进行整体拆卸安装，更深入地认识绳头组合的原理。在操作过程中需要机房和轿厢顶同步操作、互相配合，因此熟悉整个操作步骤和安全操作规范对于以后从事大修工程、更换或裁断钢丝绳等操作将会大有益处。

任务 4.6　维保任务 6——门旁路装置测试

【任务目标】

应知
1. 掌握门旁路装置测试的基本步骤和操作要领。
2. 了解电梯功能试验的基本步骤和方法。

应会
1. 能够正确、规范地进行门旁路装置测试。
2. 养成良好的安全意识与职业素养。

【知识准备】

层门和轿厢门旁路装置

《电梯监督检验和定期检验规则》将层门和轿厢门旁路装置作为新装电梯的强制性要求,通过安装保护装置的方式来提高电梯的安全性能。层门和轿厢门旁路装置应当符合以下要求:

1. 在层门和轿厢门旁路装置上或者其附近标明"旁路"字样,并且标明旁路装置的"旁路"状态或者"关"状态。
2. 旁路时取消正常运行(包括动力操作的自动门的任何运行);只有在检修运行或者紧急电动运行状态下,轿厢才能够运行;运行期间,轿厢上的听觉信号和轿底的闪烁灯起作用。
3. 能够旁路层门关闭触点、层门门锁触点、轿厢门关闭触点、轿厢门锁触点;不能同时旁路层门和轿厢门的触点;对于手动层门,不能同时旁路层门关闭触点和层门门锁触点。
4. 提供独立的监控信号证实轿厢门处于关闭位置。

【工作步骤】

步骤一:实训准备
1. 实训前先由指导教师进行安全与规范操作讲解。
2. 准备工具:电梯维修保养的工具器材可见附录 2。
3. 按照学习任务 1.1 中的规范要求做好实训前的准备工作。
4. 检查学生穿戴的安全防护用品,包括工作服、安全帽、绝缘鞋。

步骤二:安全操作注意事项
1. 测试过程中轿顶和底坑不得有人。

2. 必须断电后才能拔出或插入短接插头。

3. 维保人员之间应互相配合，保持应答操作。

4. 测试完毕必须立刻将短接插头复位。

5. S2 与 S1 插座不能同时插入短接插头。

步骤三：操作步骤

1. 电梯正常或检修状态下，XLD-MSPL 板的 S1 短接插座需插上，如图 4-57 所示。

图 4-57　S1 短接插座需插上

2. 测试时将旁路装置置于层门和轿厢门旁路状态下，检验人员操作电梯向上或者向下运行，轿厢应该发出报警信号，同时轿底的闪烁灯闪烁。

3. 置于层门旁路状态，打开层门，关闭轿厢门，电梯应当能够检修运行。关闭层门，使层门触点失效（锁紧和验证闭合），电梯应当不能检修运行，如图 4-58 所示。

图 4-58　断开门锁触点

4. 通电，确认门锁电路不导通，门锁继电器不吸合。
5. 断电，拔下 S1 短接插头，控制系统进入检修和门旁路状态。
6. 断电，将拔下的 S1 短接插头，插入 S2 插座左侧，旁路层门电路，如图 4-59 所示。
7. 检修运行时，轿厢底部的声光报警器发出响声并闪烁灯光信号，如图 4-60 所示。

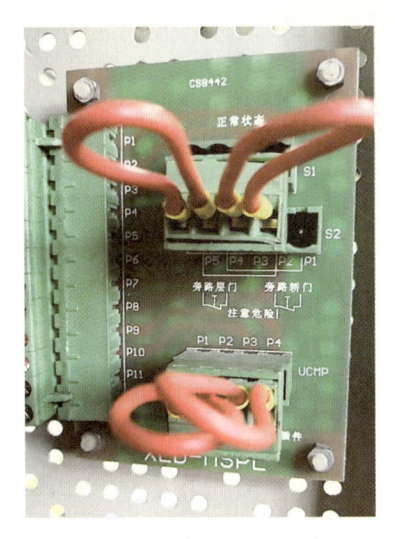

图 4-59 旁路层门电路　　　　图 4-60 声光报警器发出响声并闪烁灯光信号

8. 将层门门锁触点恢复正常，试运行正常。
9. 打开层门，关闭轿厢门，电梯应该不能检修运行；关闭层门，打开轿厢门，电梯应该能检修运行；关闭层门，断开轿厢门门锁触点，使轿厢门触点失效，电梯应当不能检修运行，如图 4-61 所示。

图 4-61 断开轿厢门门锁触点

10. 通电，确认门锁电路不导通，门锁继电器不吸合。
11. 断电，取出 S1 短接插头，插入 S2 插座右侧，旁路轿厢门电路，如图 4-62 所示。

图 4-62　旁路轿厢门电路

12. 运行时轿厢底部的声光报警器发出响声并闪烁灯光信号。
13. 完成后将防扒门锁复位，试运行正常。

步骤四：总结和讨论

1. 将门旁路装置测试步骤记录于表 4-6 中。

表 4-6　门旁路装置测试步骤记录表

序号	步骤	相关记录（如操作要领）
1		
2		
3		
4		
5		
6		
7		
8		

2. 分组讨论学习门旁路装置测试的心得体会（可相互叙述操作方法，再交换角色进行）。

【任务小结】

通过本任务可进一步了解门旁路装置的工作原理，当遇到门电路故障时，会使用门旁路装置进行紧急运行。针对事故，系统降低门区风险，提供作业手段，降低非法旁路的危险，以确保乘客和维修人员的人身安全。

项目总结

通过完成本项目的 6 个维保任务，应对电梯的常规维保项目有较为深入全面的了解。按照《电梯维护保养规则》中的"曳引与强制驱动电梯维护保养项目（内容）和要求"，电梯的维保项目分为半月、季度、半年、年度四类。维保单位应当依据各附件的要求，按照安装使用维护说明书的规定，并且根据所保养电梯使用的特点，制订合理的维保计划与方案，对电梯进行清洁、润滑、检查、调整，更换不符合要求的易损件，使电梯达到安全要求，保证电梯能够正常运行。现场维保时，如果发现电梯存在的问题需要通过增加维保项目（内容）予以解决的，维保单位应当相应增加并且及时修订维保计划与方案。当通过维保或者自行检查，发现电梯仅依据合同规定的维保内容已经不能保证安全运行，需要改造、修理（包括更换零部件）、更新电梯时，维保单位应当书面告知使用单位。

思考与练习题

一、填空题

1. 《电梯维护保养规则》规定：电梯的维保分为_____、_____、_____和_____维保。

2. 曳引电动机每相绕组之间和每相绕组对地的绝缘电阻应不低于_____MΩ。

3. 曳引电动机通过_____与蜗杆连接。

4. 当发现减速箱内蜗轮与蜗杆啮合轮齿侧间隙超过_____mm，或轮齿磨损量达到原齿厚的_____% 时，应予更换。

5. 制动器在松闸时两侧闸瓦应同步离开制动轮表面，且其间隙应不大于_____mm。

6. 检查制动器电磁线圈接头有无松动，线圈的绝缘是否良好；用温度计测量电磁线圈的温升应不超过_____℃，最高温度不高于_____℃。

7. 每根曳引钢丝绳张力的相互差距应不超过_____%。

8. 轿厢有反绳轮时，反绳轮应有保护罩和_____。

9. 对重下端与对重缓冲器顶端的距离，如果是弹簧缓冲器应为_____mm，如果是液压缓冲器应为_____mm。

10. 轿厢门关闭后的门缝隙应不大于_____mm。

11. 在保养导靴上油杯时应检查吸油毛毡是否齐全，_____。
12. 导轨接头处台阶应不大于_____mm。
13. 限速器绳轮的不垂直度应不大于_____mm。
14. 安全钳楔形块面与导轨侧面间隙应为_____mm，且两侧间隙应较均匀，安全钳动作应灵活可靠。
15. 检验三类端站开关的顺序应该是：先检验_____开关，再检验_____开关，最后检验_____开关。
16. 所谓"五方通话装置"，是指安装在_____、_____、_____、_____和_____的对讲机。
17. 电梯的报警铃安装在_____。
18. 应急照明装置在停电后能保证应急照明至少能持续_____小时。
19. 轿厢内地板照明度应在_____以上。

二、选择题

1. 现场维保时，如果发现电梯存在的问题需要通过增加维保项目（内容）予以解决的，维保单位应当（　　）。
   A. 相应增加并且及时修订维保计划与方案
   B. 及时修订维保计划与方案
   C. 口头告知使用单位
   D. 书面告知使用单位

2. 现场维保时，当通过维保或者自行检查，发现电梯仅依据合同规定的维保内容已经不能保证安全运行，需要改造、修理（包括更换零部件）、更新电梯时，维保单位应当（　　）。
   A. 相应增加并且及时修订维保计划与方案
   B. 及时修订维保计划与方案
   C. 口头告知使用单位
   D. 书面告知使用单位

3. 曳引电动机的轴承应（　　）加油一次。
   A. 每半月　　　B. 每季度　　　C. 每半年　　　D. 每年

4. 减速箱、电动机和曳引轮轴承等处应润滑良好，油温应不超过（　　）℃。
   A. 65　　　　　B. 75　　　　　C. 85　　　　　D. 95

5. 减速箱滚动轴承用轴承润滑脂必须填满轴承空腔的（　　）。
   A. 二分之一　　B. 三分之一　　C. 三分之二　　D. 全部

6. 电梯运行时，制动器闸皮与制动轮的间隙应（　　）。
   A. > 0.7 mm　　B. < 0.7 mm　　C. > 7 mm　　　D. < 7 mm

7. 制动器必须灵活可靠，制动闸瓦应紧密地贴合在制动轮的工作表面上，新更换闸带后，要求闸带与制动轮的接触面积不小于闸带面积的（　　）。

A. 70%　　　　B. 80%　　　　C. 90%　　　　D. 100%

8. 按照《电梯维护保养规则》，制动器应符合制造单位要求，保持有足够的制动力，必要时进行轿厢装载（　　）% 额定载重量的制动试验。

A. 100　　　　B. 105　　　　C. 115　　　　D. 125

9. 检查制动器铁心的磨损量，如果制动器上的可动销轴磨损量超过原直径的（　　）或椭圆度超过 0.5 mm 时，应更换新轴。

A. 3%　　　　B. 5%　　　　C. 8%　　　　D. 10%

10. 当曳引钢丝绳磨损后其直径小于或等于原直径的（　　）时应予报废。

A. 80%　　　　B. 85%　　　　C. 90%　　　　D. 95%

11. 曳引钢丝绳的底端与绳槽底的间距小于（　　）mm 时，绳槽应重新加工或更换曳引轮。

A. 0.7　　　　B. 1　　　　C. 2　　　　D. 3

12. 曳引轮各绳槽之间的磨损量偏差（　　）或钢绳与槽底间距＜ 1.0 mm 时，应更换或重新加工曳引轮。

A. ＞1.5 mm　　B. ＞1.0 mm　　C. ＞0.5 mm　　D. ＜1.0 mm

13. 规定曳引钢丝绳的公称直径应不小于（　　）mm。

A. 2　　　　B. 4　　　　C. 6　　　　D. 8

14. 轿顶轮和对重轮的轴承应（　　）加油一次。

A. 每半月　　　B. 每季度　　　C. 每半年　　　D. 每年

15. 平层感应器和隔磁板（遮光板）安装应平正、垂直。隔磁板（遮光板）插入感应器时，两侧间隙应尽量一致，其偏差最大不得大于（　　）mm。

A. 1　　　　B. 2　　　　C. 3　　　　D. 4

16. 电梯轿厢的平层准确度宜在 ±（　　）mm 范围内，平层保持精度宜在 ±（　　）mm 范围内。

A. 5　　　　B. 10　　　　C. 20　　　　D. 30

17. 检查门安全触板的冲击力应小于（　　）N。

A. 5　　　　B. 10　　　　C. 15　　　　D. 20

18. 在层门关闭上锁后，层门门锁的啮合长度必须超过（　　）mm。

A. 5　　　　B. 6　　　　C. 7　　　　D. 8

19. 门扇之间及门扇与立柱、门楣和地坎之间的间隙，乘客电梯应不大于（　　）mm；载货电梯应不大于（　　）mm，使用过程中由于磨损，允许达到（　　）mm。

A. 6　　　　B. 8　　　　C. 10　　　　D. 12

20. 在水平移动门和折叠门主动门扇的开启方向，以 150 N 的推力施加在最不利的点，两门扇间的间隙对于旁开门不大于（　　）mm，对于中分门其总和不大于（　　）mm。

A. 30　　　　B. 35　　　　C. 40　　　　D. 45

21. 轿厢门开门限制装置是为了防止开锁区域外从轿厢内扒开轿厢门自救的保护装置。

在轿厢门开门限制装置施加 1 000 N 的力时，轿厢门开启不能超过（　　）mm。

A. 30　　　　　B. 40　　　　　C. 50　　　　　D. 60

22. 当轿厢门关闭时，轿厢门开门限制装置的电气触点需超过接触行程（　　）mm。

A. 1~2　　　　B. 2~3　　　　C. 3~4　　　　D. 2~4

23. 当靴衬工作面磨损超过（　　）mm 以上时，应更换新靴衬。

A. 0.5　　　　 B. 1　　　　　C. 2　　　　　D. 4

24. 当轿厢内的载重量达到（　　）% 的额定载重量时，满载开关应动作。

A. 70~80　　　B. 80~90　　　C. 90~100　　　D. 100~110

25. 当轿厢内的载重量达到（　　）% 的额定载重量时，超载开关应动作。

A. 80　　　　　B. 90　　　　　C. 100　　　　D. 110

26. 检查缓冲器柱塞复位情况的方法是：以低速使缓冲器到全压缩位置，然后放开，从开始放开的一瞬间计算，到柱塞回到原位置上，所需时间应不大于（　　）。

A. 60 s　　　　B. 90 s　　　　C. 120 s　　　　D. 150 s

27. 电梯在顶层端面站平层时，对重底部撞板与缓冲器顶面间应有足够的距离；耗能型缓冲器为（　　）mm，蓄能型缓冲器为（　　）mm。

A. 100~150　　B. 150~400　　C. 200~350　　D. 200~400

28. 缓冲器的中心线应与轿厢或对重上的碰板中心对正，允许偏差为（　　）mm。

A. 10　　　　　B. 20　　　　　C. 30　　　　　D. 40

29. 两个相邻安装的缓冲器，其高度相差应不大于（　　）mm。

A. 1　　　　　B. 2　　　　　C. 3　　　　　D. 4

30. 限速器动作时，限速绳的最大张力应不小于安全钳提拉力的（　　）倍。

A. 5　　　　　B. 3　　　　　C. 2　　　　　D. 1

31. 按照《电梯维护保养规则》，曳引与强制驱动电梯年度维护保养应进行限速器-安全钳联动测试：对于使用年限不超过（　　）年的限速器，每 2 年进行一次限速器动作速度校验；对于使用年限超过（　　）年的限速器，每年进行一次限速器动作速度校验。

A. 5　　　　　B. 10　　　　　C. 15　　　　　D. 20

32. 瞬时式安全钳用于速度不大于（　　）m/s 的电梯，渐进式安全钳用于速度大于（　　）m/s 的电梯。

A. 0.63　　　　B. 1.0　　　　C. 1.75　　　　D. 2.0

33. 轿厢超过上下端站（　　）mm 时，极限开关动作。

A. 50　　　　　B. 80　　　　　C. 100　　　　　D. 150

34. 轿厢在底层平层时，检查随行电缆最低点与底坑地面之间距离是否（　　）缓冲器压缩行程与缓冲距离的总和。

A. 大于　　　　B. 小于　　　　C. 等于　　　　D. 小于等于

35. 对电梯轿厢平衡系数测试规定：运行负载宜在轿厢以额定载重量的（　　）时上、下运行，当轿厢与对重运行到同一水平位置时测量电动机输入端的电流。

A. 25%、30%、40%、50%、60%　　　B. 30%、40%、45%、50%、60%

C. 30%、40%、50%、60%、100%　　D. 40%、50%、60%、100%、110%

36.《电梯技术条件》中规定：当电源在额定频率、额定电压时，载有50%额定载重量的轿厢向下运行至行程中段（除去加速度和减速度）时的速度，不应大于额定速度的（　　）%，宜不小于额定速度的（　　）%。

A. 92　　　　　　B. 95　　　　　　C. 105　　　　　　D. 108

三、判断题

（　　）1. 减速箱允许两种以上的机油混合使用。

（　　）2. 减速箱的蜗轮与蜗杆在更换时要成对更换。

（　　）3. 应定期给制动器的制动闸瓦和制动轮加润滑油。

（　　）4. 曳引钢丝绳上的润滑油应越多越好。

（　　）5. 曳引钢丝绳出现少量断丝仍可继续使用。

（　　）6. 对限速器钢丝绳的维护检查没有曳引钢丝绳重要。

（　　）7. 在对限速器进行维保时，应随时调整限速器弹簧的张紧力以调整限速器的速度。

（　　）8. 轿厢被安全钳制停时不应产生过大的冲击力，同时也不能产生太长的滑行。

（　　）9. 如果在检验中发现极限开关失灵，那么在修复之前应该检验该方向的其他两个行程限位保护开关。

（　　）10. 应该在任意一层的层门外进行底层端站层门传动系统的检查和清洁。

四、学习记录与分析

1. 小结电梯外呼按钮故障排除的主要收获与体会。

2. 小结更换限速器钢丝绳的主要收获与体会。

3. 小结更换轿厢导靴靴衬的主要收获与体会。

4. 小结限速器－安全钳联动测试的主要收获与体会。

5. 小结更换曳引钢丝绳的绳头组合的主要收获与体会。

6. 小结门旁路装置测试的主要收获与体会。

项目 5
自动扶梯的维修保养

项目目标

随着大量的公共设施（包括机场、车站、城市商场等）建成投入使用，自动扶梯（包括自动人行道）的使用越来越普遍（据统计约占在用电梯总量的 15%），由此带来的维修保养及其人才紧缺问题也越来越突出。本项目的 3 个维修保养任务均选自自动扶梯的常规维修保养项目，也是近年行业比赛电梯赛项的赛题。通过完成这 3 个任务，应初步掌握自动扶梯日常维修保养的基本操作方法。

项目必备知识

自动扶梯的维修保养

由于自动扶梯的基本结构与运行原理与垂直电梯有较大差异，所以进行自动扶梯的维修保养工作，除了应按照任务 1.1 中的一些共同的基本要求之外，还应根据自动扶梯的特点和要求注意以下事项：

1. 在维保工作开始前要在自动扶梯上部、下部位置设置三面围蔽护栏和"禁止人员进入"警示牌。另外，如果自动扶梯带有光电传感器，设置的安全护栏不可遮挡光电传感器的光线束。

2. 自动扶梯钥匙应由专人保管。不操作时，必须把自动扶梯钥匙拔出。

3. 在施工前应由作业负责人用自动扶梯钥匙确认上、下机房的蜂鸣器及停止开关是否正常。

4. 如果是带有光电装置的自动扶梯，进行自动运行以外的检查作业时，应将"自动、手动操作开关"置于"手动"状态。

5. 作业时必须采用可靠的联络信号，做好应答并大声复述。

6. 启动自动扶梯前应先按蜂鸣器，确认自动扶梯上无人后方可启动。

7. 自动扶梯运行中，应采取不会被活动、旋转的部件夹碰到身体任意部位及所携带物体等的姿势。

8. 检修运行的操作者应时刻注意确认周围安全，保持可以紧急停止操作的姿势。

9. 在有空梯级的情况下作业的自动扶梯，必须确认作业人员已离开空梯级并退出所有梯级及梳齿板之外，联络复述，响蜂鸣器，作业人员方可以检修点动方式操作启动自动扶梯。

操作者必须联络复述，响蜂鸣器，确认检查者安全的情况下方可以检修点动方式启动自动扶梯。离开时应断开主电源开关，并盖好机房盖板，设置护栏。

10. 禁止单人进行单独作业。
11. 检修运行时，如果在拆除梯级的状态下运行，不可从空梯级上通过。
12. 张开制动器时，应使用专用释放工具。
13. 自动运行与检修运行应遵守以下事项：
（1）应确认手动盘车工具放在原位。
（2）作业负责人在启动自动扶梯前应确认作业人员的安全状况。
（3）启动时应先确认周围的安全情况，响蜂鸣器，切实执行联络和大声复述规则之后，才能启动运行。
（4）操作者应密切注意周围的安全情况。
（5）有人在桁架内作业时，禁止操作检修运行及自动运行。
（6）自动扶梯未完全修复好的情况下严禁自动运行。
14. 准备维修作业时，应转换成检修状态。检修运行时，应遵守下述事项：
（1）运行开始时的注意事项：
① 上、下部的机房内应没有作业人员。
② 梯级、梳齿板上应没有作业人员。
③ 确认桁架内没有作业人员。
④ 确认核准作业人员的人数并确认其全部处于安全状态。
⑤ 开始运行时，应先进行检修点动运行。
⑥ 运行过程中检查异常声音时，应注意活动部位。
（2）在机房作业时，应遵守以下规则：
① 进入机房作业时应先断开主电源，并在主电源开关处明显位置挂上"检修中，严禁合闸"警示牌。
② 打开机房盖前，应先停止自动扶梯运行，打开或关闭盖板时应使用专用工具（T字形手柄），但应注意防止夹到手指或脚趾。进入机房时，应断开安全开关及主电源开关，将运行转换开关置于检修状态。
③ 合上主电源前，应先确认桁架内是否有人。
④ 操纵箱或控制柜的检查与桁架内作业不应同时进行；不应在自动扶梯上部、下部的机房内同时进行作业。
（3）梳齿板周围的作业人员在进行作业时，应遵守以下规则：
① 在楼面上进行检查、调整时，应注意保持身体平稳，防止跌倒、坠落。
② 搬运梯级等重物时，应注意安全，防止人员和物品受到损害。
③ 拆除的盖板不可重叠放置。
（4）在桁架内作业时，应遵守以下规则：
① 进入自动扶梯桁架内作业前，应先切断电源，并按下机房急停按钮。在确认主电源

和安全开关已经切断后方可开始作业。如果是带有光电传感器的自动扶梯，还应确认是否存在遮挡光电传感器光线的物体。

② 手动张开制动器的情况下，应切断主电源和安全开关，并切实执行联络复述规则确认安全状态。

③ 作业者站到梯级上一边移动，一边检查时，根据作业人员的联络信号，进行检修点动运行。作业人员手握扶手带移动时，人的头、手、脚不许伸向空梯级部位。

④ 作业完毕后须核准人数，确认作业人员及所带工具、物品不在桁架内才可启动扶梯。

（5）盖板、围裙板或护壁板的拆卸、安装作业应遵守以下规则：

① 应在确认主电源和安全开关已经切断后方可开始作业。

② 围裙板或护壁板等的拆卸、安装作业，作业人员应先充分做好不会被夹住手脚的姿势后再进行。

③ 搬运围裙板或护壁板等时，应戴手套，防止手被毛刺割伤，并须确认开口部位及周围路径的状况，整齐地摆放在不会妨碍作业及其他人通行的地方。

④ 不要在盖板及梯级上放置工具、部件、小螺钉、护壁板等。

⑤ 检查扶手带的驱动轮、张紧轮等旋转物体或滑轮内外侧时，不许将身体的任何部位伸入桁架内。

任务 5.1　拆 装 梯 级

【任务目标】

应知

1. 掌握自动扶梯梯级拆装的基本步骤和操作要领。
2. 了解自动扶梯故障排除的基本步骤和方法。

应会

1. 能够正确、规范地拆装自动扶梯的梯级。
2. 养成良好的安全意识与职业素养。

【知识准备】

自动扶梯的故障排除

自动扶梯由于大部分安装在地铁、机场、大型购物中心等人流密集的公共场所，这也使得媒体和公众对于其安全性的关注较垂直电梯更高，所以自动扶梯的日常维保和故障排除的重要性不言而喻。

自动扶梯的电气系统相对机械系统较为简单,自动扶梯的故障多发生在机械部分,而其中梯级更是故障率高发的部位。所以本任务选取梯级拆装作为自动扶梯维修的典型案例来介绍。

【相关链接】

自动扶梯梯级拆装的必要性

梯级是自动扶梯用于承载乘客的运动部件,因此是自动扶梯的一个重要部件。梯级质量对运行性能、舒适感和安全等有特别要求:

1. 制造精度高;梯级踏板与齿槽中心要对好,确保梯级运行过程中不相互擦碰。
2. 运行安全可靠,整体结构强度高。
3. 重量轻,便于安装和维修。
4. 具有一定防腐蚀性。
5. 较好的外观和质量。

由于自动扶梯结构紧密,大部分的安全保护装置都安装在桁架内,自动扶梯长期运行会导致各部件发生移位、松动和磨损,例如扶手带传动装置的传动链条、滚轮等。在日常维护保养时必须拆卸梯级,维保人员才能进入自动扶梯桁架内进行维护保养,如图5-1所示。

图 5-1 拆卸梯级进行检查

【工作步骤】

步骤一:实训准备

1. 实训前先由指导教师进行安全与规范操作讲解。
2. 准备工具:自动扶梯维修保养的工具器材可见附录2,拆装梯级的专用工具见表5-1。

表 5-1 拆装梯级的专用工具

序号	工具名称	规格	单位	数量
1	十字螺丝刀	150 mm	把	2
2	一字螺丝刀	150 mm	把	2

续表

序号	工具名称	规格	单位	数量
3	小榔头	1 磅	把	1
4	扳手	8~19 mm	把	1
5	直尺	150 mm	把	1
6	斜塞尺	15 mm	把	1
7	内六角扳手	5 mm	把	1
8	活动扳手	250 mm×30 mm	把	1

3. 检查学生穿戴的安全防护用品，包括工作服、安全帽、绝缘鞋。
4. 放置安全防护栏及安全警示标志，如图 5-2 所示。

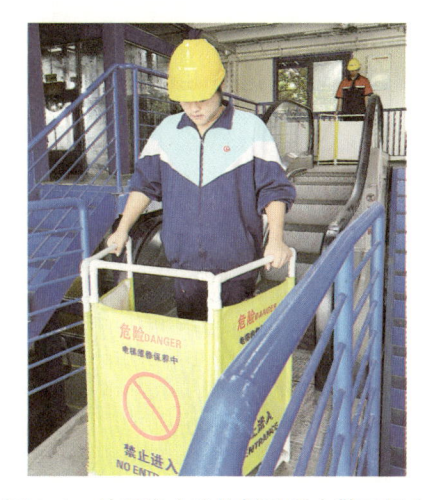

图 5-2　放置安全防护栏及安全警示标志

步骤二：拆装梯级

1. 拆卸上机房盖板，如图 5-3 所示。

图 5-3　拆卸上机房盖板

2. 两人合力拆离盖板，并摆放在指定的位置，如图 5-4 所示。

图 5-4　拆离盖板

3. 按下急停按钮，关闭总电源，然后挂牌、上锁，如图 5-5 所示。

(a) 按下急停按钮 　　　　　　　　(b) 关闭总电源

(c) 挂牌、上锁

图 5-5　断电上锁

4. 将控制柜取出，拨离盘车开关，安装盘车手轮，如图 5-6 所示。

(a) 取出控制柜 　　　　　　　　　　(b) 拨离盘车开关

(c) 安装盘车手轮

图 5-6　盘车前的准备工作

5. 拆卸下机房盖板，按下下机房急停按钮，如图 5-7 所示。

(a) 拆卸下机房盖板 　　　　　　　　(b) 按下下机房急停按钮

图 5-7　下机房操作

6. 在盘车前先观察，确定自动扶梯上没有乘客和工具；然后 1 人盘车，1 人负责确认梯级移动的位置，如图 5-8 所示。

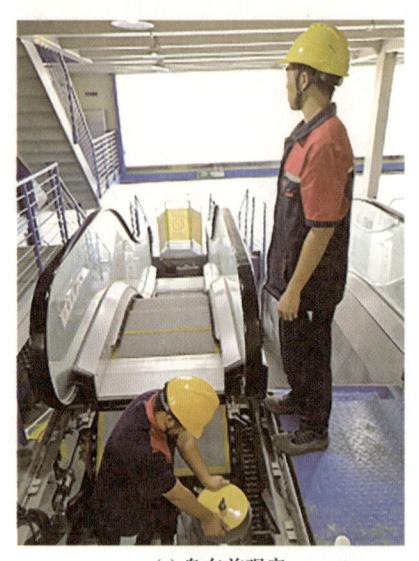

(a) 盘车前观察　　　　(b) 盘车

图 5-8　盘车操作

7. 盘车使梯级移动到回转站导轨凹口位，如图 5-9 所示。

图 5-9　使梯级移动到回转站导轨凹口位

8. 拆卸梯级前测量梯级左、右两边与支架的距离，以便安装恢复原来位置，如图 5-10 所示。

(a) 测量梯级左边与支架的距离　　　　　　(b) 测量梯级右边与支架的距离

图 5-10　梯级位置测量

9. 拧松定位锁紧环，如图 5-11 所示。

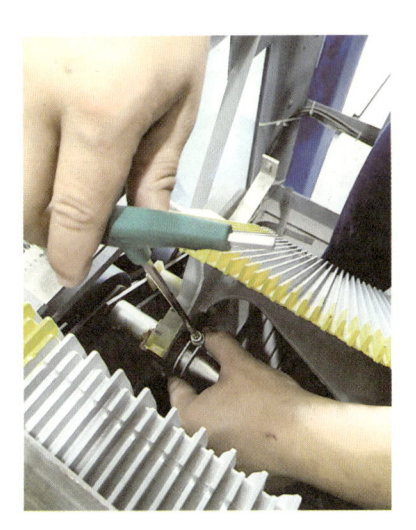

图 5-11　拧松定位锁紧环

10. 撬出轴套，如图 5-12 所示。

图 5-12　撬出轴套

11. 拆卸梯级，在梯级固定轴上涂抹钙基脂润滑油，如图 5-13 所示。

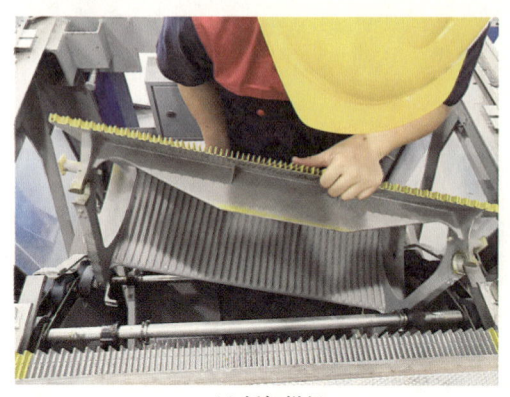

(a) 拆卸梯级　　　　　　　　　　(b) 涂抹润滑油

图 5-13　梯级拆卸

12. 梯级检查完成后，将梯级安装扣紧，如图 5-14 所示。

图 5-14　安装梯级

13. 推进轴套并拧紧定位锁紧环，如图 5-15 所示。
14. 测量并调整梯级与支架两端的距离，如图 5-16 所示。

图 5-15　推进轴套环并拧紧定位锁紧环　　　　图 5-16　测量与调整

15. 将定位锁紧环拧紧，将所拆梯级盘至梳齿，用斜塞尺检测梯级是否居中－左（右），如图 5-17 所示。

(a) 检测梯级是否居中－左

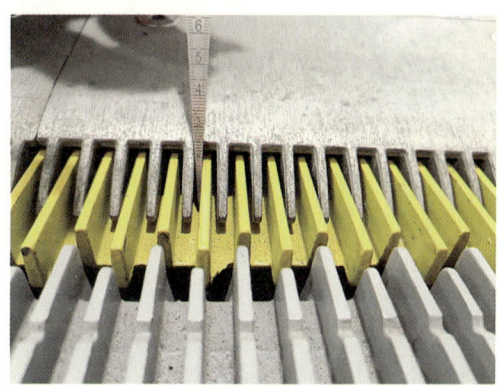

(b) 检测梯级是否居中－右

图 5-17　梯级检测

16. 检修点动运行，检查是否有摩擦、碰撞等异响，如图 5-18 所示。

图 5-18　检修点动运行

步骤三：总结和讨论

1. 将拆装梯级的步骤记录于表 5-2 中。

表 5-2 拆装梯级记录表

序号	步骤	相关记录（如操作要领）
1		
2		
3		
4		
5		
6		
7		
8		
9		
10		

2. 分组讨论学习拆装梯级的心得体会（可相互叙述操作方法，再交换角色进行）。

【任务小结】

本任务介绍了自动扶梯梯级的拆装方法。由于梯级是自动扶梯用于承载乘客的运动部件，自动扶梯长期运行会导致各部件发生移位、松动和磨损，特别是梯级轮的老化、磨损变形等。因此在日常维护保养时需要拆卸梯级，维保人员才能进入自动扶梯桁架内进行维护保养。所以拆装梯级是自动扶梯维修保养的一个最基本最常用的操作。

任务 5.2　检修盒公共按钮故障排除

【任务目标】

应知

1. 掌握自动扶梯检修盒公共按钮故障排除的基本步骤和操作要领。
2. 了解自动扶梯故障排除的基本步骤和方法。

应会

1. 能够正确、规范地排除检修盒公共按钮损坏的故障。
2. 养成良好的安全意识与职业素养。

【知识准备】

自动扶梯的检修盒

在自动扶梯的上、下机房中装有检修插座控制箱，其连接电缆的长度应不小于 3 m。将控制箱内的检修短接插头拔掉时，自动扶梯就处于检修状态，此时自动扶梯不能正常运行。当安全电路中的开关都正常时，把检修插头插入检修插座中，按下检修盒（如图 5-19 所示）上的公共按钮和上行或下行按钮，自动扶梯就可以检修点动运行；松开按钮，自动扶梯停止检修运行。同理，将分线箱上的检修短接插头拔掉时，自动扶梯就处于检修状态，此时自动扶梯不能正常运行。当安全电路中的开关都正常时，按下检修盒上的公共按钮和上行或下行按钮时，自动扶梯就可以检修点动运行。应当注意的是：当控制柜和分线箱同时拔掉检修短接插头并插上检修插头，且某一按钮开关失效时，自动扶梯既不能检修运行，也不能正常运行。

图 5-19 检修盒

【工作步骤】

步骤一：实训准备

1. 实训前先由指导教师进行安全与规范操作讲解。
2. 准备工具：自动扶梯维修保养的工具器材可见附录 2。
3. 检查学生穿戴的安全防护用品，包括工作服、安全帽、绝缘鞋。

步骤二：检修操作

1. 设置安全防护栏及安全警示标志。
2. 打开自动扶梯盖板；按下急停按钮，拔下上部或者下部控制箱上的附加插头，并插上检修插头，继电器 KJX 不动作，自动扶梯转换为检修运行，手持检修盒（插头为多芯航空用插头，可参考图 5-3、图 5-4、图 5-5 和图 5-18）。
3. 做好应答制度。
4. 将急停按钮复位，点动检修盒公共按钮和上、下方向按钮，使自动扶梯点动上、下运行。

5. 操作完毕按下急停按钮。

6. 确认梯级及运转部件没有人员和工具等物件。

步骤三：检修盒公共按钮损坏的故障排除

1. 排故思路

（1）自动扶梯不能启动运行，首先应检查各电源电压是否正常。如正常则应先观察有无故障代码；如无故障代码，则进行以下检查。

（2）PLC 输出点开合是否正常，检测 PLC 是否正常。

（3）接触器粘连信号 PLC 输入点是否为 ON，检测电路是否正常。

（4）变频器故障信号 PLC 输入点是否为 ON，检测变频器是否正常。

（5）如果以上电路都正常，则检查上（下）行启动信号 PLC 输入点是否为 ON，否则检查启动电路。

（6）如果以上 5 项都正常，自动扶梯仍不能启动，则：

① 断电复位。

② 复位后如能启动，则是由扶手带欠速保护引起的不能启动。

③ 如仍不能启动则检查以下保护装置：扶梯超速、非操纵防逆转、梯级缺失、抱闸释放、制动距离自锁保护的解除操作等。然后启动自动扶梯。

④ 如能启动，则是由扶梯超速、非操纵防逆转、梯级缺失、抱闸释放、制动距离保护等装置引起的。

⑤ 如果仍然不能启动，请按照图纸检查接线。

2. 排故步骤

（1）查看自动扶梯故障显示器状态是否正常，如图 5-20 所示。

（2）检修上、下运行，观察上、下行接触器均不吸合，如图 5-21 所示。

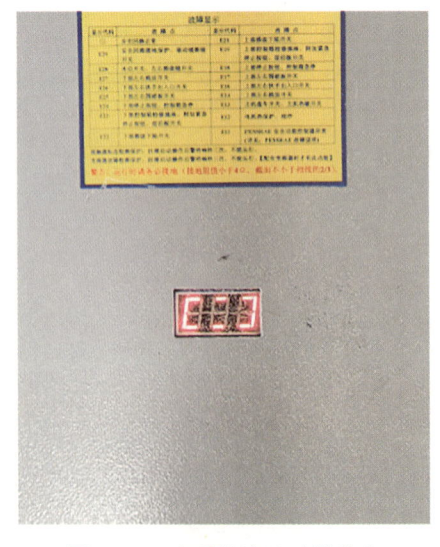

图 5-20　查看故障显示器状态　　图 5-21　观察上、下行接触器

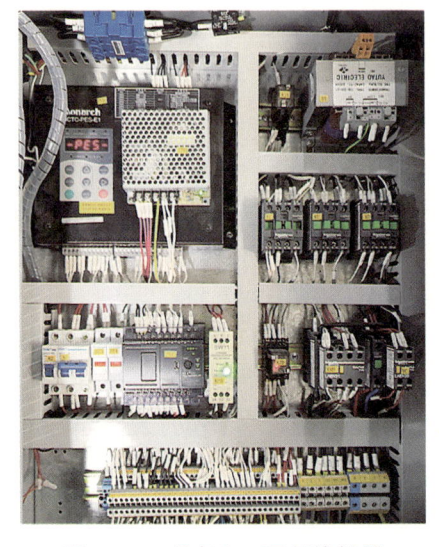

（3）测量 PES 控制器 X1 输入端正常，处于检修状态，如图 5-22 所示。

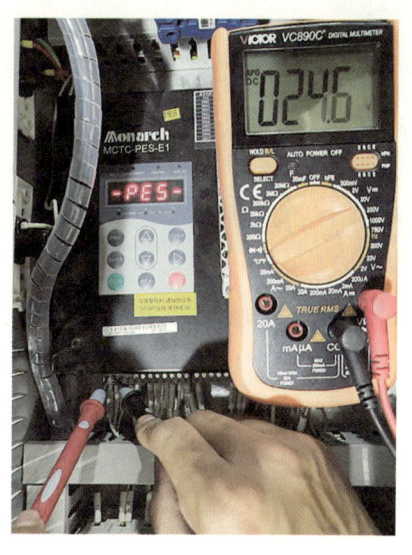

图 5-22　测量 PES 控制器 X1 输入端

（4）检修上、下运行时，分别测量 PLC（可编程控制器）X04、X05 端口有无电压，如图 5-23 所示。

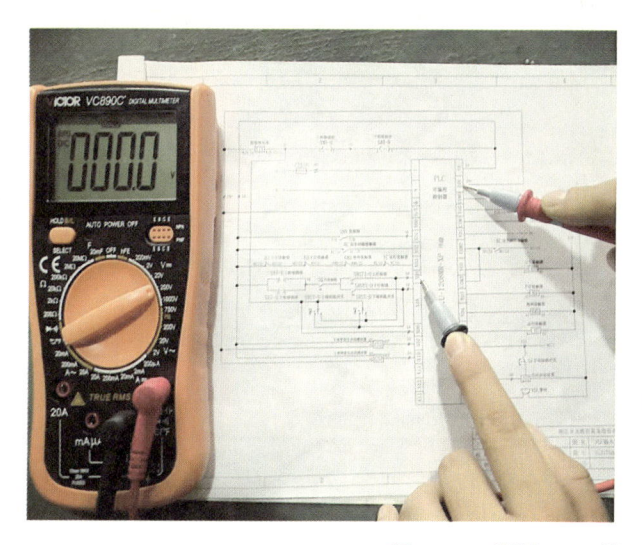

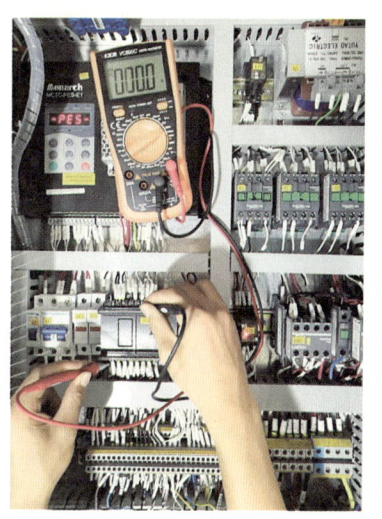

图 5-23　测量 PLC 端口

（5）断开电源，按动检修盒按钮，用万用表蜂鸣挡测量检修盒插头，如不导通，则确认为检修盒内部故障，如图 5-24 所示。

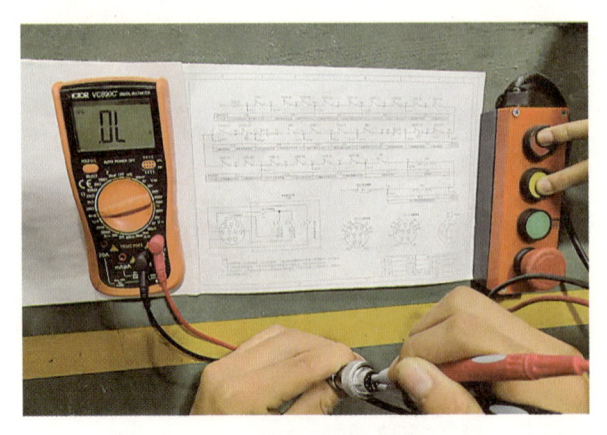

图 5-24　测量检修盒

（6）测量公共按钮，确定是按钮动合触点损坏，更换公共按钮后恢复检修运行，如图 5-25 所示。

图 5-25　测量公共按钮

步骤四：总结和讨论

1. 将检修盒公共按钮的故障排除步骤记录于表 5-3 中。

表 5-3　检修盒公共按钮故障排除记录表

序号	步骤	相关记录（如操作要领）
1		
2		
3		
4		
5		

续表

序号	步骤	相关记录（如操作要领）
6		
7		
8		
9		
10		

2. 分组讨论学习检修盒公共按钮故障排除的心得体会（可相互叙述操作方法，再交换角色进行）。

【任务小结】

本任务介绍了自动扶梯检修盒公共按钮的故障排除方法。排故任务本身并不复杂，关键是掌握分析故障现象，诊断故障原因，查找故障点的思路与步骤。

任务 5.3　梳齿板安全装置的维修保养

【任务目标】

应知
1. 掌握梳齿板安全装置动作可靠性检查、维修（更换）与调整的基本步骤和操作要领。
2. 了解自动扶梯故障排除的基本步骤和方法。

应会
1. 能够正确、规范地排除梳齿板安全装置损坏故障。
2. 养成良好的安全意识与职业素养。

【知识准备】

梳齿板保护开关

梳齿板位于梯级或踏板进入前沿板的过渡区域，人流进出自动扶梯时都会经过并踩踏该部位，因此它是自动扶梯故障频率比较高的部件。当有异物卡入梯级或踏板和梳齿板啮合处时，因梳齿板向后或向上移动，利用一套机械机构使拉杆向后或向上移动，从而使梳齿板保护开关动作，断开控制电路使自动扶梯停止运行，起到安全保护作用。梳齿板保护开关如图 5-26 所示。

图 5-26 梳齿板保护开关

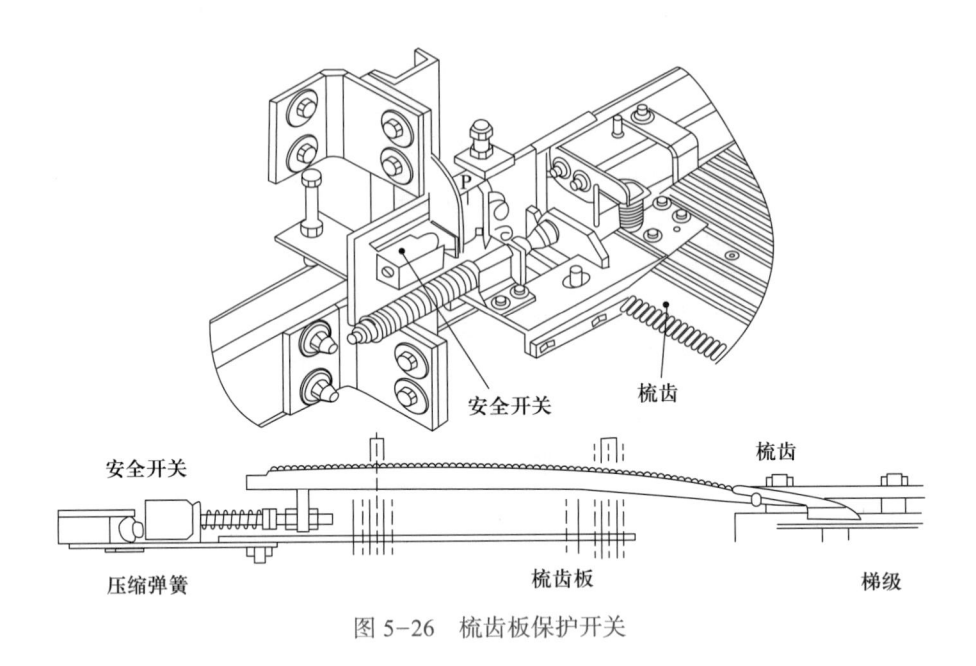

【工作步骤】

步骤一：实训准备

1. 实训前先由指导教师进行安全与规范操作讲解。
2. 准备工具：自动扶梯维修保养的工具器材可见附录 2。
3. 检查学生穿戴的安全防护用品，包括工作服、安全帽、绝缘鞋。

步骤二：检修操作

1. 设置安全防护栏及安全警示标志。
2. 打开自动扶梯盖板；按下急停按钮，拔下上部或者下部控制箱上的附加插头，并插上检修插头，继电器 KJX 不动作，自动扶梯转换为检修运行，手持操纵检修盒（插头为多芯航空用插头）。

步骤三：梳齿保护开关的故障排除

1. 排故思路

（1）自动扶梯不能检修运行，蜂鸣器发出响声，表示自动扶梯存在故障。
（2）查看故障代码，确认故障范围。
（3）检查对应开关是否误动作。
（4）如果开关正常，根据图纸测量相关线路。
（5）使用万用表电阻挡测量安全开关电路是否导通。
（6）测量开关是否损坏。

2. 排故步骤

（1）查看自动扶梯控制柜上的故障代码（E14），如图 5-27 所示。

任务 5.3　梳齿板安全装置的维修保养　173

（2）故障代码所示的故障点是上部左右梳齿板保护开关，检查梳齿板保护开关是否误动作，如图 5-28 所示。

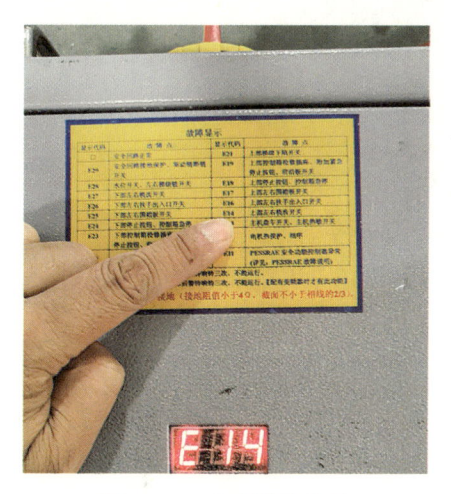

图 5-27　查看故障代码　　　　　　　　图 5-28　检查梳齿板保护开关

（3）测量控制柜的端子 A14—A15（安全保护电路），经过测量发现这两个端子之间不导通，如图 5-29 所示。

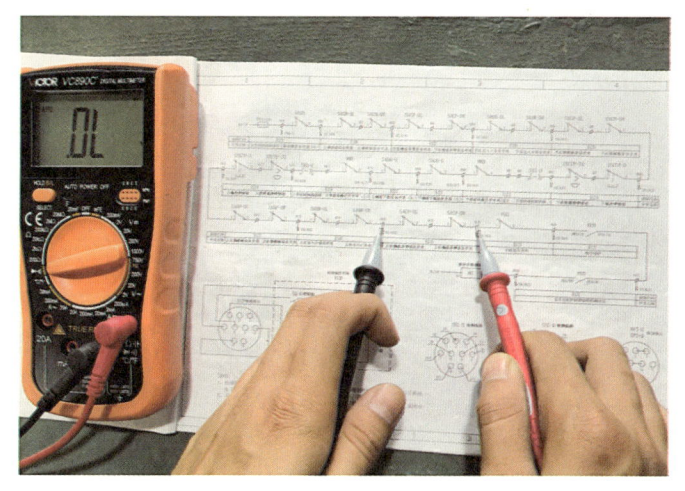

图 5-29　测量控制柜的端子 A14—A15

（4）再进一步对元器件进行测量，发现是上右的梳齿板保护开关不导通，确认损坏，更换后恢复正常，如图 5-30 所示。

图 5-30　测量梳齿板保护开关

步骤四：总结和讨论

1. 将梳齿板保护开关的故障排除步骤记录于表 5-4 中。

表 5-4　梳齿板保护开关故障排除记录表

序号	步骤	相关记录（如操作要领）
1		
2		
3		
4		
5		
6		
7		
8		
9		

2. 分组讨论学习梳齿板保护开关故障排除的心得体会（可相互叙述操作方法，再交换角色进行）。

【任务小结】

本任务介绍了梳齿板保护开关的故障排除方法。关键是要懂得依据故障代码分析以缩小故障范围，然后用万用表测量判断故障点是在上左梳齿板保护开关还是上右梳齿板保护开关，从而更加快捷地排除故障。建议在每完成一个排故（维护保养）任务之后，及时进行总结归纳。

项目总结

通过完成本项目的拆装梯级、检修盒公共按钮故障排除和梳齿板安全装置的维修保养 3 个维保任务，要求掌握拆装自动扶梯梯级的方法和自动扶梯故障的诊断与排除方法，以及自动扶梯常规保养的一些操作要领。

自动扶梯的基本结构与运行原理与垂直电梯有较大差异，因此掌握自动扶梯的维修保养操作技能，同样应建立在对自动扶梯基本结构与原理充分掌握的基础之上（具体可参阅相关专业书籍），才能掌握自动扶梯常见故障诊断与排除的特点和方法，掌握自动扶梯日常维保的项目与要求（可见《电梯维护保养规则》附件 D）。应在工作过程中注意总结经验，探索规律，提高维修排故的能力。同时，要注重在工作中的操作标准与规范。应熟悉维保项目的内容和要求，养成严格规范操作的良好职业习惯。

思考与练习题

一、填空题

1. 自动扶梯发生夹持事件时，救援人员应在_____人以上。
2. 在检查上梳齿板和下梳齿板前，上、下部的_____板应预先拆除。
3. 在自动扶梯的上、下部都装有电源钥匙开关和一个_____按钮，如遇有紧急情况，可按下该按钮，自动扶梯立即停止运行。
4. 自动扶梯初装运行一个月后，需对减速箱做一次油量检查，当油面低于箱内蜗轮_____时，应补充加注适量的齿轮油。
5. 减速箱内的润滑油一般情况下应_____个月更换一次。
6. 按照有关标准规定，当梯级运行速度 = 0.5 m/s 时，空载及有载向下运行的自动扶梯制停距离范围为 0.2～_____ m。
7. 按照《电梯维护保养规则》，自动扶梯扶手带的运行速度相对于梯级、踏板或胶带的速度允许误差为_____%。

二、选择题

1. 启动自动扶梯前应先（　　）后方可启动。
A. 确认自动扶梯上无人　　　　　　B. 确认自动扶梯上有人
C. 确认自动扶梯无货物　　　　　　D. 都不需要
2. 当有人在桁架内作业时，（　　）检修运行及自动运行。
A. 允许　　　　B. 禁止　　　　C. 可视情况是否允许　　D. 不确定

3.（　　）单人在自动扶梯开口部位或开口部位周边及桁架内进行单独作业。
A. 允许　　　　　　B. 禁止　　　　　　C. 可视情况是否允许　　D. 不确定

4. 自动扶梯在检修运行时，如果在拆除梯级的状态下运行，（　　）从空梯级上通过。
A. 可以　　　　　　B. 不可以　　　　　C. 可视情况是否允许　　D. 不确定

5.（　　）在相邻扶手装置之间或扶手装置和邻近的建筑结构之间放置货物。
A. 允许　　　　　　B. 禁止　　　　　　C. 可视情况是否允许　　D. 不确定

6. 应急救援时应确认在扶梯上（下）入口处已有维修人员进行监护，并设置（　　）。
A. 安全警示牌　　　B. 阻拦物　　　　　C. 粘贴安全警告贴纸　　D. 乘梯注意事项牌

7. 自动扶梯与自动人行道的定期检验周期为（　　）。
A. 半月　　　　　　B. 一个季度　　　　C. 半年　　　　　　　　D. 一年

8. 按照《电梯维护保养规则》，自动扶梯与自动人行道半月维护保养有（　　）个项目。
A. 30　　　　　　　B. 31　　　　　　　C. 32　　　　　　　　　D. 33

9. 运行速度为 0.75 m/s 的自动扶梯制停距离的调整按空载、负载上下运行应调整为（　　）m 范围之内。
A. 0.2~0.5　　　　　B. 0.2~1.0　　　　　C. 0.2~1.5　　　　　　D. 0.4~1.5

10. 自动扶梯的梯级导向块的磨损量达到（　　）mm 时必须更换。
A. 0.8　　　　　　　B. 1.0　　　　　　　C. 1.2　　　　　　　　D. 1.5

11. 梳齿板两侧的间隙每边不应大于（　　）mm。
A. 0.4　　　　　　　B. 0.6　　　　　　　C. 0.8　　　　　　　　D. 1.0

12. 梯级拆除应在（　　）机房内进行。
A. 上部　　　　　　B. 中部　　　　　　C. 下部　　　　　　　　D. 不确定

13. 扶手带相对梯级的运行速度偏差应不超过（　　）%。
A. 0~+2　　　　　　B. 0~±2　　　　　　C. 0~±3　　　　　　　D. 0~+5

14. 自动扶梯所有的电气控制元件都安装在一个控制箱内，位于（　　）。
A. 上部机房　　　　B. 中部机房　　　　C. 下部机房　　　　　　D. 随意处

15. 在电气控制箱内装有一个（　　）显示器。
A. 运行状态　　　　B. 检修状态　　　　C. 供电状态　　　　　　D. 故障

16. 在扶手带速度低于对应的梯速的（　　）% 并持续 15 s 时，扶手带测速装置切断自动扶梯的安全电路的电源，使其立即停止运行。
A. 85　　　　　　　B. 90　　　　　　　C. 95　　　　　　　　　D. 100

17. 自动扶梯应有便携式检修控制装置，其连接电缆的长度应不小于（　　）m。
A. 1　　　　　　　　B. 2　　　　　　　　C. 3　　　　　　　　　D. 4

18. 扶手带张紧弹簧的张紧长度需控制在（　　）mm 之间。
A. 20~30　　　　　B. 30~40　　　　　　C. 40~50　　　　　　　D. 55~60

19. 扶手带驱动链条的调整应使链条在空载条件下的下垂量在（　　）mm 之间。
A. 5~15　　　　　　B. 10~20　　　　　　C. 15~25　　　　　　　D. 20~30

20. 扶手带每边与驱动轮之间的空隙应大于（　　）mm。
   A. 0.2　　　　　B. 0.3　　　　　C. 0.4　　　　　D. 0.5
21. 自动扶梯在运行一段时间后，应检查驱动链条的悬垂度并予以调整，一般调整至（　　）mm 为宜。
   A. 20±5　　　　B. 20±10　　　　C. 30±5　　　　D. 30±10
22. 自动扶梯的驱动链条如果因磨损过大，而使链条过长，则允许拆下（　　）节链条。
   A. 1　　　　　　B. 2　　　　　　C. 3　　　　　　D. 4
23. 梳齿齿部与梯级踏板齿槽的啮合深度为（　　）mm。
   A. 2　　　　　　B. 4　　　　　　C. 6　　　　　　D. 8
24. 梯级导向轮与梯级侧隙应不大于（　　）mm。
   A. 0.2　　　　　B. 0.3　　　　　C. 0.4　　　　　D. 0.5
25. 按照《自动扶梯和自动人行道的制造与安装安全规范》，围裙板任何一侧与梯级的水平间隙不应大于（　　）mm，在两侧对称位置处测得的间隙总不应大于（　　）mm。
   A. 4　　　　　　B. 5　　　　　　C. 6　　　　　　D. 7
26. 下列对于自动扶梯附加制动器的描述错误的是（　　）。
   A. 提升高度大于 6 m 时，必须加装附加制动器
   B. 附加制动器动作时，也应保证对工作制动器所要求的制停距离
   C. 附加制动器在动作开始时应强制切断控制电路
   D. 如果电源发生故障或者安全电路失电，允许附加制动器和工作制动器同时动作
27. 根据《自动扶梯和自动人行道的制造与安装安全规范》的规定，直接与电源连接的电动机应进行（　　）保护。
   A. 断错相　　　　B. 错相　　　　　C. 断相　　　　　D. 短路

三、判断题

（　　）1. 自动扶梯与自动人行道的启动钥匙可由多人共同保管。
（　　）2. 梳齿板在设计和制造时就具有预定的断裂点，以防它严重损坏梯级。
（　　）3. 在自动扶梯检修过程中必须按下急停按钮。
（　　）4. 在自动扶梯检修过程中必须要有明确的应答制度，确保所有人在安全的位置才可以检修速度运行自动扶梯。
（　　）5. 由于梯级链在长期使用过程中会发生相对伸长的情况，因此必须对曳引链张紧装置及安全开关打板的位置进行定期调整，若调整弹簧还不能保证梯级链有足够的张力，且张力弹簧已调整至极限，就必须更换牵引链条。
（　　）6. 在进行维护保养时，必须停止自动扶梯的运行。
（　　）7. 自动扶梯三角皮带底面有 1 个位置以上的裂缝且已到芯线层时，应予更换。
（　　）8. 可以在自动扶梯运行时进行扶手带的清洗。
（　　）9. 为方便作业，可以在盖板及梯级上放置工具、部件、小螺钉、护壁板等。

(　)10. 如果自动扶梯带有光电传感器，设置的安全护栏不可遮挡光电传感器的光线束。

四、学习记录与分析

1. 总结拆装梯级的方法和步骤，小结收获与体会。
2. 总结检修盒公共按钮故障排除的方法和步骤，小结收获与体会。
3. 总结梳齿板安全装置故障排除的方法和步骤，小结收获与体会。

附 录

附录 1　电梯维修保养赛项赛题选录

附录 1.1　国赛赛题

一、2015 年国赛赛题

2015 年全国职业院校技能大赛（以下简称国赛）中职组电梯维修保养赛项（以下简称电梯赛项）是本赛项的第三届。从本届国赛开始，将电梯维修与电梯保养竞赛分开进行。电梯维修竞赛要求在 90 min 内首先进行电梯盘车救援，然后排除 5 个电气故障和 2 个机械故障；电梯保养竞赛要求在 60 min 内完成 5 个保养项目，赛题见附表 1-1。本届国赛电梯赛项首次增加了专业基础知识（理论）竞赛。

附表 1-1　2015 年国赛赛题

电气排障	机械排障	保　养
1. 张紧开关损坏 2. CC 回路故障 3. JMS 损坏 4. 上限位开关损坏 5. 底层层门门锁开关损坏	1. 轿厢门传动皮带损坏 2. 1 楼遮光板	1. 锁梯继电器损坏 2. 2 楼外呼按钮 3. 轿顶检修 4. JMS3/4 5. 2 楼锁轮

二、2016 年国赛赛题

2016 年国赛电梯赛项是本赛项的第四届。电梯维修竞赛要求在 90 min 内排除 7 个电气故障和 3 个机械故障；电梯保养竞赛要求在 60 min 内完成 6 个保养项目，赛题见附表 1-2。本届国赛电梯赛项仍然有专业基础知识（理论）竞赛。

附表 1-2 2016 年国赛赛题

电气排障	机械排障	保 养
1. NF1/4-0V 2. JBZ 故障 3. 下强迫减速开关故障 4. 轿顶箱—光幕 202 线断 5. 1 楼内呼不通 6. 底坑上急停开关不通故障 7. JMS 故障	1. 门刀传动臂拆 2. 1 楼门地坎左偏前 3. 2 楼层门联动钢丝绳螺母 + 门锁通	1. 轿厢下左导靴靴衬更换（不需要设置） 2. 限速器钢丝绳一个绳股全断，更换（不需要设置） 3. 2 楼层门自闭脱落 + 左门左偏心 4. 2 楼外呼盒 A 进断 5. TICD 故障 6. 上极限故障 + 越层超限

三、2018 年国赛赛题

2018 年国赛电梯赛项是本赛项的第五届。电梯维修竞赛要求在 90 min 内排除 8 个电气故障和 2 个机械故障；电梯保养竞赛要求在 60 min 内完成 6 个保养项目，赛题见附表 1-3。本届国赛电梯赛项采用新的《电梯维护保养规则》（TSG T5002—2017），并从本届开始取消了专业基础知识（理论）竞赛。

附表 1-3 2018 年国赛赛题

电气排障	机械排障	保 养
1. 底坑上急停不通 2. 1 楼门锁不通 3. NF2 出线故障 4. CC 接触器故障 5. 上强迫减速开关故障（控制柜出线断） 6. 光幕故障（201 线断） 7. JMS 继电器触点不通 8. 轿顶检修开关故障	1. 门刀整体脱落，相关系统调整 2. 2 楼层门联动钢丝绳拆（门锁通），相关系统调整	1. 设对重上右侧导靴靴衬（在导靴处，面朝层门口）磨损量超规定，对对重上右侧导靴靴衬进行更换，及相关系统的检测、调试、维修等保养 2. 轿厢照明与井道照明的检查（检测）、调整、维修及更换 3. 电梯层门自闭装置的检查（检测）、调整、维修及更换 4. 设二号（曳引轮上中间的一根）曳引绳绳头组合（轿厢侧）变形失效，对二号（轿厢侧）曳引绳绳头组合进行更换，及相关系统的检测、调试、维修等 5. 上极限开关及相关系统的安全保护功能的检验、调整、维修及更换 6. 限速器 - 安全钳联动安全保护功能的检验、调整、维修及更换

四、2019 年国赛赛题

2019 年国赛电梯赛项是本赛项的第六届。电梯维修竞赛要求在 60 min 内排除 6 个电气故障和 2 个机械故障；电梯保养竞赛要求在 60 min 内完成 6 个保养项目，赛题见附表 1-4。

附表 1-4　2019 年国赛赛题

电气排障	机械排障	保　养
1. 相序继电器故障 2. 底坑下急停（开关）按钮故障 3. 接触器、继电器其他类型的故障 4. 接线端的故障 5. 门机主电路故障 6. 综合类故障	1. 1楼平层遮光板脱落 2. 轿厢门导轨变形及相关系统的部件调整	1. 层门和轿厢门旁路装置 2. 轿顶检修开关、停止装置 3. 井道照明 4. 层站召唤、层楼显示 5. 靴衬、滚轮 6. 控制柜内各接线端子

五、2019 年国赛电梯赛项《竞赛任务书》

（一）维修操作竞赛任务书

1. 选手注意事项

（1）选手应按照规定穿着工作服、头戴安全帽、脚穿防滑电工鞋参加比赛。

（2）当选手进入赛位后，在竞赛开始前可先阅读竞赛文件（任务书和图纸等），并检查现场环境和赛场提供的设备、工具、器材等，须在确认比赛任务和现场条件无误后才开始比赛。在此期间不允许选手进行任何操作。

（3）参赛选手除《赛项规程》所规定允许携带的工具和器材外，不准携带任何技术资料和工具、器材进入赛场。所有的电动工具、自制工具、通信工具和照相摄录器材一律不准带入赛场。

（4）竞赛开始后，参赛选手自行决定分工和时间安排。电梯维修竞赛的竞赛时间为 60 min，连续进行。全部比赛任务均在指定的时间和比赛场地内完成。在比赛过程中，饮水由赛场统一提供，选手休息、如厕的时间均计算在比赛时间内，选手在比赛过程中不得自行离开赛场，如有特殊情况需经裁判员同意。参赛队欲提前结束比赛，应通知赛位的现场裁判员。

（5）在比赛过程中，参赛选手必须严格按照操作规程和工艺准则，遵守安全操作要求，以保证设备和人身安全，并随时接受裁判员的监督。否则将按下列标准扣分：

① 工作服、鞋帽等不符合职业要求扣 0.5 分。

② 操作过程工具、器件掉落（地）每次扣 0.5 分（本项最多扣 1 分）。

③ 选手在对电气设备进行检测时，要求送电操作流程符合规范，停送电警示牌悬挂和使用正确；未按规定悬挂或使用不正确的每次扣 0.5 分。

④ 通电前应检查设备电源线路是否安全可靠，无线头悬空未接等情况，若存在安全隐患则视为不具备通电条件，不准许上电运行；若选手提出上电运行的要求，如发生短路跳闸等现象每次扣 5 分。

⑤ 选手进入轿顶或底坑操作时，若出现跨步、探身、未按急停按钮或踩踏轿顶门机、上梁和底坑缓冲器等违反职业操作规程与安全操作规范的，每次（项）扣 0.5 分（本项最多扣 2 分）。

⑥ 可以使用紧急电动操作移动轿厢；但在当轿顶或底坑有人时，不允许在机房进行紧急电动操作移动轿厢，否则每次（项）扣 0.5 分。

⑦ 底坑有人时，不能用正常和检修方式移动电梯轿厢。否则扣 3 分。

⑧ 参赛选手认定器件有故障提出更换时，应该指出器件故障原因或者位置；如经技术人员与裁判测定器件没问题的每次扣 2 分；如器件确有问题，但不是选手造成的故障，不扣分，也不给加分。

⑨ 如出现违规操作损坏赛场的设备、危险操作等不符合职业规范的行为，可视情节扣 5~10 分；因操作不当导致人身或设备安全事故，可扣 10~20 分；因操作失误导致设备不能正常工作，或造成安全事故不能进行比赛的，将被中止比赛。

⑩ 若因设备故障导致选手中断或中止比赛，由裁判长视具体情况做出裁决；确实需要补时的最多补时 5 分钟，由选手、赛位现场裁判和裁判长共同在补时记录单上签字确认。

（6）竞赛结束时参赛选手应立即停止任何操作，提交完整的《竞赛任务书》，并协助裁判员确认其所完成的项目并核对竞赛时间，在签字确认后方可离开赛场。

（7）在竞赛期间，参赛选手应服从裁判评判；如遇到特殊情况或对裁判评分产生异议，应立即报告现场的裁判或工作人员，由裁判请示裁判长，不得与裁判争执、顶撞。裁判长的决定为现场最终裁定。如参赛选手因对裁判不服从而停止比赛，则以弃权处理。

（8）参赛选手对于认为有影响个人比赛成绩的裁判行为或设备故障等，应向指导老师反映，由指导老师按大赛制度规定进行申诉。参赛选手不得利用与比赛相关的微信群、QQ 群发表虚假信息和不当言论。

（9）如有不服从裁判、工作人员、扰乱赛场秩序、干扰其他选手比赛的情况，裁判组应提出警告。累计警告 2 次或情节特别严重，如造成竞赛中止，或在竞赛过程中产生重大安全事故或产生重大安全事故隐患，或出现本规程所规定的取消比赛资格的行为，经裁判提示无效，可经裁判长裁定后中止比赛，并取消参赛资格和竞赛成绩。

2. 竞赛任务

请在 60 min 内完成以下工作任务：

（1）排除电梯电气故障

1）分析故障现象及查找故障原因，能够排除竞赛预先设置的 6 个电气（包括与之相关的机械装置）故障：

① 相序继电器故障。

② 底坑下急停（开关）按钮故障。

③ 接触器、继电器其他类型的故障。

④ 接线端的故障。

⑤ 门机主电路故障。

⑥ 综合类故障。

2）在电梯电气故障诊断与排除过程中，要求按照图纸分析、查找故障，正确使用工具或仪表检查判断，准确找到故障点并正确进行故障排除。

3）将与设置的电气故障最直接的故障现象、故障现象产生的可能原因、检查排除故障（过程）方法、准确的故障点简要明确地记录在"电梯维修记录表"（附表 1-5）中。

（2）排除电梯机械故障

1）分析故障现象及查找故障原因，能够排除竞赛预先设置的2个机械故障（包括与之相关各部件的系统）：

① 1楼平层遮光板脱落。

② 轿厢门导轨变形及相关系统的部件调整。

2）按照相关标准进行调整，并测量有关数据。

3）将故障现象、故障产生的可能原因、检查排除（过程）方法、准确的故障点简要明确地记录在"电梯维修记录表"附表1-5中，并将测量数据记录于"数据测量记录表"附表1-6中。

（3）电梯功能检验

在检查并排除规定的电梯电气与机械故障后，要求电梯的各项指标正常，功能齐全有效，要求对以下8个指定的项目进行检测与试验，并将检验结果记录于"电梯功能检验记录表"（附图1-7）中。

① 门旁路功能。

② 消防功能。

③ 锁梯功能（驻停）。

④ 节能功能（轿厢照明与风扇）。

⑤ 防夹保护功能（光幕防夹保护）。

⑥ 轿内警铃（紧急报警装置）。

⑦ 到站提醒功能。

⑧ 应急照明。

3. 附件

（1）电梯维修记录表（共9张，其中电气维修6张，机械维修2张，备用1张，见附表1-5）

（2）数据测量记录表（1张，见附表1-6）

（3）电梯功能检验记录表（1张，见附表1-7）

（4）YL-777型电梯电气原理图、电缆接线布置图、电气元件代号说明

（5）YL-777型电梯故障代码表

附表1-5　电梯维修记录表

第_____组　　　　　　　　　　　　　　　　　　第_____号赛位

故障序号	
故障现象	
故障可能原因	
检查排除（过程）方法	
准确的故障点	

附表 1-6　数据测量记录表

第_____组　　　　　　　　　　　　　　　　　　第_____号赛位

序号	维修调整后有关的测量数据（单位：mm）
1	
2	

附表 1-7　电梯功能检验记录表

第_____组　　　　　　　　　　　　　　　　　　第_____号赛位

序号	检验项目	检 验 结 果
1		
2		
3		
4		
5		
6		
7		
8		

（二）保养操作竞赛任务书

请在 60 min 内完成以下工作任务：

能够在 YL-777 型电梯上按照《电梯维护保养规则》中"曳引与强制驱动电梯维护保养项目（内容）和要求"，对以下 6 个项目进行维护保养工作，并完整、规范地填写"电梯保养记录表"（附表 1-8）；需要检测、调整或更换的部件按照相关标准进行操作并记录数据：

（1）层门和轿厢门旁路装置。

（2）轿顶检修开关、停止装置。

（3）井道照明。

（4）层站召唤、层楼显示。

（5）靴衬、滚轮。

（6）控制柜内各接线端子。

在保养工作完成后，对测试试验有明确规定要求的，应将操作过程、方法和结果记录在保养记录表上，并做出是否符合标准的结果判定。

附件：

① 电梯保养记录表（共 7 张，备用 1 张，见附表 1-8）

② YL-777 型电梯电气原理图、电缆接线布置图、电气元件代号说明

③ YL-777 型电梯故障代码表

附表 1-8　电梯保养记录表

第_____组　　　　　　　　　　　　　　　　　　第_____号赛位

保养项目	
保养检查（检验）内容与要求	
保养（检验）方法及步骤	
测量数据（单位：mm）	保养前　　　　　保养后　　　　　结果判定

附录 1.2　行业教师赛赛题

一、2014 年行业赛赛题

第一届行业赛的名称为 2014 年"亚龙杯"全国职业院校机电类专业教师教学能力大赛中职组电梯维修与保养赛项（以下简称行业赛、电梯赛项）。竞赛分为教学设计、展示答辩和操作竞赛三个部分，操作竞赛由一位老师和一位学生参加，要求在 120 min 内首先进行电梯盘车救援，然后排除 4 个电气故障和 2 个机械故障，并完成 4 个保养项目，见附表 1-9。

附表 1-9　2014 年行业赛赛题

电气排障	机械排障	保　养
1. JMS 器件损坏 2. MC/A1-JDY/1 断线 3. 1 层显示板器件损坏 4. 2 层指令按钮损坏 5. 限位开关损坏	1. 层门门锁拆卸、门限位胶调整，测量数据 2. 轿厢门门挂轮更换、门限位胶调整，测量数据	1. 对重块压板一根松动，一根拆除 2. 节能继电器动断触点引脚损坏 3. 安全光幕插头松动 4. 底坑环境（照明）

二、2015 年行业赛赛题

从本届行业赛开始均由两位老师参加。本届行业赛还在教学设计、展示答辩和操作竞赛的基础上增加了专业基础知识理论竞赛。操作竞赛要求在 90 min 内排除 3 个电气故障和 2 个机械故障，完成 3 个保养项目，见附表 1-10。

附表 1-10　2015 年行业赛赛题

电气排障	机械排障	保养
1. 底坑急停按钮损坏 2. 运行继电器损坏 3. 平层感应器损坏	1. 轿厢门皮带损坏 2. 2 楼层门锁损坏	1. 轿厢称重装置 2. 轿厢限速器 3. 层门装置和地坎

三、2016 年行业赛赛题

从本届竞赛开始，教学设计和展示答辩的材料可以在赛前完成，操作竞赛首次增加了自动扶梯项目，仅要求在 60 min 内完成 2 个保养项目；直梯竞赛要求在 75 min 内排除 4 个电气故障和 2 个机械故障，完成 2 个保养项目，见附表 1-11。

附表 1-11　2016 年行业赛赛题

电气排障	机械排障	保养	自动扶梯保养
1. 急停按钮损坏 2. 门锁接触器损坏 3.（暂缺） 4.（暂缺）	1. 轿厢门门刀安装 2.（暂缺）	1. 限速器张紧装置离地距离检查、调整 2. 轿厢超载保护功能检查	1. 电气安全装置（开关）动作可靠检查、维修（或更换）与调整 2. 制动器的动作及制动距离检查、检测、维修与调整

四、2017 年行业赛赛题

本届行业赛一是教学设计文本由每人做一份改为每队做一份（展示答辩则由每队的两位选手共同完成）；二是操作竞赛在上届增加自动扶梯项目的基础上，本届又增加了安装（门安装）的内容。直梯竞赛要求在 75 min 内先进行电梯盘车救援与紧急电动运行操作，然后排除 4 个电气故障和 2 个机械故障，完成 2 个保养项目。门安装竞赛要求在 60 min 内完成 3 个任务：1. 电梯门系统安装、调整与线路连接；2. 测量 5 个数据；3. 对电梯门系统进行全面检查、调试并设置相关参数。自动扶梯竞赛则要求在 30 min 内完成 2 个保养项目，见附表 1-12。

附表 1-12　2017 年行业赛赛题

电气排障	机械排障	保养	门安装	自动扶梯保养
1. 安全电路故障 2. 门锁电路故障	1. 层门系统故障	1. 检查维修或更换	1. 电梯门系统安装、调整与线路连接：根据所提供的设备及部件，完成电梯门系统中轿厢门、层门、开门机及相关部件的安装、调整与电气线路连接 2. 按照相关标准对电梯门系统进行调整，测量有关数据（本装置能直接测量检验的相对重要的数据不少于 5 个，同一性质算 1 个），并填写电梯门系统安装记录表	1. 自动安全电路的检查、维修（更换器件）、调整

续表

电气排障	机械排障	保养	门安装	自动扶梯保养
3. 电器损坏故障 4. 电路故障	2. 轿厢门系统故障	2. 检测（验）调整维修或更换	3. 对电梯门系统进行全面检查、调试、设置相关参数，使之满足下列要求： （1）检修状态下能手动开、关门（点动） （2）自动状态下能自动开、关门（运行过程必须有匀加速、匀减速） （3）开门宽度 800 mm （4）轿厢门、层门地坎间隙为 30 mm	2.（现场指定项目的）检查（测）、维修或更换、调整

五、2018 年行业赛赛题

本届行业赛首次设为中、高职赛项；教学设计增加了提交教学视频的要求，操作竞赛则不单独设安装项目，改为在直梯维修保养中增加层门安装的内容，自动扶梯项目也增加了维修的内容。直梯竞赛要求在 90 min 内完成轿厢门控制系统的调试、排除 4 个电气故障和 2 个机械故障、完成 2 个保养项目三类任务。自动扶梯竞赛要求在 60 min 内排除 1 个故障，完成 2 个保养项目，见附表 1-13。

附表 1-13　2018 年行业赛赛题

电气排障	机械排障	保养	门安装	自动扶梯
1. 控制电源部分 2. 安全电路 3. 门锁电路 4. 运行电路	1. 电梯平层后层门不能打开 2. 电梯正常运行到站时平层不准	1. 轿顶检修开关、急停按钮 2. 限速器-安全钳联动测试	1. 电梯门安装与调试：在层门组装实训装置上按照《电梯安装验收规范》的要求完成电梯层门的安装、调整、测试，完整、规范地填写"电梯门安装操作记录表"，并在"数据测量记录表"中记录测量数据 2. 电梯轿厢门控制系统的调试 （1）在 YL-2187A 门系统装置上按照《电梯试验方法》的要求，先完成电梯轿厢门控制系统数据设置，并进行门运行试验。要求测量有关数据，完整、规范地填写"电梯轿厢门控制系统调试操作记录表" （2）对电梯门系统进行全面检查、调试、设置相关参数，使之满足下列要求： ① 检修状态下能手动开、关门（点动） ② 自动状态下能自动开、关门（运行过程必须有匀加速、匀减速） ③ 开门宽度 800 mm ④ 轿厢门、层门地坎间隙为 30 mm	1. 自动扶梯维修：拆梯级 2. 自动扶梯保养： （1）检修盒共通开关损坏 （2）梳齿板缺齿要更换

附录 1.3　部分地区的竞赛赛题
一、赛题 1（见附表 1-14）

附表 1-14　赛　题　1

电气排障	机械排障	保养
1. JDY 损坏 2. 上极限开关损坏 3. 张紧轮开关（GOV）动作 4. 2 层显示板线路故障（断线） 5. 1 层内选指令按钮故障 6. 控制电源故障（主变压器熔断器） 7. 到站钟（断线） 8. 锁梯继电器底座损坏	1. 2 楼层门门锁安装及门调整 2. 轿厢门门刀	1. 对重块及其压板：一根松动，另一根拆除 2. 手动紧急操作装置：随意放置 3. 节能继电器底座损坏：更换已损坏器件 4. 轿厢门安全装置（光幕）失效 5. 井道照明：接触不良

注：竞赛时间为 180 min

二、赛题 2（见附表 1-15）

附表 1-15　赛　题　2

电气排障	机械排障	保养
1. NF2/2 断线 2. JDY/6—P24 断线 3. CC 线圈损坏 4. 底坑急停按钮损坏 5. 1 层厅外按钮损坏 6. 上限位开关损坏 7. JDY/1—201 断线 8. JMS/3—P24 断线 9. JMSA/2—110VN 断线 10. 110V–JBZ/1 断线	1. 2 楼门锁锁轮损坏（测量数据） 2. 2 楼平层遮光板下移 150 mm 3. 1 楼层门自闭重锤拆下	1. 检修开关损坏 2. 节能继电器线圈断线 3. 安全光幕插头松动（失效） 4. 轿厢风扇 5. 2 楼层门挂轮变形，更换挂轮

注：竞赛时间为 120 min

三、赛题 3（见附表 1-16）

附表 1-16　赛　题　3

电气排障	机械排障	保养
1. JMS 损坏 2. Y1—CC/A1 断线 3. 2 层显示板器件损坏 4. 1 层指令按钮损坏 5. 上限位开关损坏	1. 2 层层门门锁拆卸、门限位胶粒调整（测量数据） 2. 轿厢门门挂轮更换、门限位胶粒调整（测量数据）	1. 对重块压板：一根松动，另一根拆除 2. 节能继电器动合触点引脚损坏 3. 轿顶检修 4. 轿厢照明

注：竞赛时间为 150 min

四、赛题 4（见附表 1-17）

附表 1-17　赛　题　4

电气排障	机械排障	保养
1. 下换速开关损坏 2. 接触器故障 3.（暂缺） 4.（暂缺） 5.（暂缺）	1. 层门门刀故障 2. 安全钳故障	1. 轿厢上右导靴靴衬（面朝层门口）磨损量超规定，更换及相关系统的检测、调试 2. 电梯轿厢平层精度检测与调整 3. 电梯层门自闭功能检验、调整与维修（或更换） 4. 设电梯额定载 630 kg，轿厢已放砝码的质量为 600 kg，请确定轿厢需要再增加砝码的质量（写在保养记录表中）；现有 3 个砝码，假设质量分别为 65 kg、95 kg、105 kg，请选择一个砝码（写在保养记录表中），按国家相关标准检查、并调校轿厢超载保护的功能（含调整、维修或更换） 5. 设限速器钢丝绳一个绳股全断，请更换限速器钢丝绳，并将限速器张紧装置离地距离调整为 200 mm

注：竞赛时间为 150 min

五、赛题 5（见附表 1-18）

附表 1-18　赛　题　5

项目	电气排障	机械排障	保养
内容	1. 电梯不动车（NF2 断路器损坏） 2. 电梯不动车（CC 接触器损坏） 3. 电梯不动车（底坑急停按钮损坏） 4. 超载异常（超载感应器损坏） 5. 开关门异常（开关门线路异常） 6. 轿厢内司机异常（轿厢内 KSJ 断线） 7. 抱闸计数器损坏（计数器线路断线） 8. 检修异常（轿顶检修开关损坏）	1. 层门门系统异常（A 字门，偏心轮卡死） 2. 平层异常（平层感应器位移，平层遮光板缺失）	1. 层门、轿厢门门扇 2. 上下极限开关 3. 层门门锁电气触点 4. 限速器 - 安全钳联动试验 5. 井道照明 6. 轿厢门防撞击保护装置
时间	60 min		60 min

附录 2　电梯竞赛设备简介

一、YL 系列电梯教学设备

YL 系列电梯教学设备现有 20 多种，见附表 2-1。其中 YL-777 型电梯和 YL-2170A 型自动扶梯目前为国赛和行业赛电梯赛项的竞赛设备。

附表 2-1 YL 系列电梯教学设备

序号	设备型号	设备名称	主要实训项目
1	YL-777	电梯安装、维修与保养实训考核装置	28
2	YL-770	电梯电气安装与调试实训考核装置	7
3	YL-771	电梯井道设施安装与调试实训考核装置	12
4	YL-772	电梯门机构安装与调试实训考核装置	12
5	YL-772A	电梯门系统安装实训考核装置	11
6	YL-773	电梯限速器、安全钳联动机构实训考核装置	12
7	YL-773A	电梯限速器、安全钳联动机构实训考核装置	6
8	YL-774	电梯曳引系统安装实训考核装置	18
9	YL-775	万能电梯门系统安装实训考核装置	17
10	YL-2170A	自动扶梯维修与保养实训考核装置	17
11	YL-778	自动扶梯维修与保养实训考核装置	15
12	YL-778A	自动扶梯梯级拆装实训装置	5
13	YL-779	电梯曳引绳头实训考核装置	3
14	YL-779A~M	电梯基础技能实训考核装置	35
15	YL-780	电梯曳引机解剖装置	—
16	YL-2190A	电梯井道设施安装实训考核装置	10
17	YL-2086A	电梯曳引机安装与调试实训考核装置	5
18	YL-2189A	电梯限速器、安全钳联动机构实训考核装置	6
19	YL-2187A	电梯门系统安装与调试实训考核装置	20
20	YL-2187C	电梯层门安装实训考核装置	10
21	YL-2187D	电梯轿厢门安装与调试实训考核装置	10
22	YL-2196A	现代智能物联网群控电梯电气控制实训考核装置	16
23	YL-2195D	现代电梯电气控制实训考核装置	12
24	YL-2195E	现代智能物联网电梯电气控制实训考核装置	14
25	YL-2197C	电梯电气控制装调实训考核装置	12
26	YL-SWS27A	电梯 3D 安装仿真软件	10

二、YL-777 型电梯安装、维修与保养实训考核装置

（一）概述

YL-777 型电梯安装、维修与保养实训考核装置（以下简称"YL-777 型电梯"）如附

图 2-1 所示。该装置是根据电梯安装、维修与保养职业岗位要求,按照相关国家标准和职业考核鉴定标准开发的教学设备,是采用现阶段电梯主流零部件和控制方式开发的一种电梯实训平台。它适合作为各类职业院校和技工学校的电梯安装与维保、楼宇自动化、机电自动化等电梯相关专业以及职业资格鉴定中心和培训考核机构的教学与实训设备。

附图 2-1 YL-777 型电梯

YL-777 型电梯由钢结构井道平台、曳引系统、导向系统、轿厢、门系统、重量平衡系统、电力拖动系统、电气控制系统、安全保护系统等系统单元组成。采用钢结构井道平台,方便教学和实训,营造电梯安装、维修与保养的真实情景。曳引机、导轨、限速器、安全钳、缓冲器等部件都采用现阶段主流的电梯标准部件,且严格执行国家相关技术标准和安全规范,并根据《电梯制造与安装安全规范》,增加了轿厢意外移动的检测保护功能(即 UCMP 装置)、轿厢门的保护功能、对短接门锁电路行为的监测功能等,曳引机采用变频调速的永磁同步曳引机驱动。电气控制系统采用串行通信的 VVVF 微机电梯控制系统,其具有故障诊断或保护功能，使用者可以通过各种故障代码、输入输出信号，进行故障分析，确定故障原因，找出解决方法。使用者可以根据《电梯维护保养规则》中的要求进行电梯日常保养实训。使用者也可在本装置上进行电梯安装实训，学习和掌握电梯的安装与维保技术及技能。

（二）主要技术参数

1. 工作电源：三相五线，AC380 V/220 V，±7.5%，50 Hz。
2. 工作环境：海拔<1 000 m；温度 −10~+40℃；相对湿度<95%RH 无水珠凝结；环境空气中不应含有腐蚀性和易燃性气体。
3. 控制方式：VVVF。
4. 最大功耗：≤1.6 kW。
5. 提升高度：1 800 mm。
6. 电梯运行速度：0.2 m/s。
7. 曳引机额定速度：0.4 m/s。
8. 曳引比：2∶1。
9. 电梯轿厢上行超速保护装置：曳引机制动器。
10. 制动器额定功率：99 W。
11. 制动器额定电压：DC110 V。
12. 上行超速监控装置动作速度范围：1.15~1.65 m/s。
13. 开门净尺寸：宽 × 高 = 800 mm × 1 000 mm。
14. 开门型式：中分。
15. 门机：永磁同步变频门机。
16. 门机输入电源：单相三线、AC220 V、50 Hz。
17. 门机电机额定转速：180 r/min。
18. 门机电机额定功率：43 W。
19. 限速器额定速度：≤0.63 m/s。
20. 安全钳动作速度：≤0.63 m/s。
21. 外形尺寸：长 × 宽 × 高 = 5 000 mm × 3 900 mm × 7 800 mm。
22. 整机质量：≤8 t。
23. 安全保护：接地，漏电，过压，过载，短路。
24. 对安装场地的基本要求：

（1）实训室最小空间要求：长 × 宽 × 高≥6 m × 6 m × 9 m。
（2）实训室入口的开门尺寸要求：宽 × 高≥2.8 m × 2.8 m。

25. 地基承载力标准值（fak）≥80 kPa（或荷载≥80 kN/m²）。

（三）结构和功能特点

1. 结构真实

该设备采用真实电梯的机构及部件组成，反映了实际工程电梯的真实机构和控制系统，是一个真实工程型的教学、实训、考核装置，旨在将实际的电梯系统搬进课堂，使学习者在真实的工程环境下进行学习。该设备主要由曳引系统、导向系统、轿厢系统、门系统、重量平衡系统、电力拖动系统、电气控制系统及安全保护系统等构成。

2. 功能全面

该设备使用目前主流的永磁同步电动机驱动，控制部分采用全数字化的微机控制系统（VVVF），整个装置采用真实的部件组成（导轨、轿厢、厅门、轿厢门、限速器、对重装置等都采用真实的部件或配套的机构），设备真实、规范、便捷，符合现场工作标准。

3. 使用安全

本装置设有制动器、限速器－安全钳、上下极限开关、门联锁机械－电气联动、急停按钮、检修开关、缓冲器、防护栏、断相、错相、关门防夹等多重安全保护措施。

（四）主要实训项目（见附表 2-2）

附表 2-2　YL-777 型电梯可开设的主要实训项目

序号	系统	实训项目
1	电梯的曳引系统	曳引机制动器机械调节及故障查找实训
2		曳引机制动力测试实训
3	电梯的门系统	轿厢门传动机构调节、维护、故障查找及排除实训
4		层门传动机构调节、维护、故障查找及排除实训
5		轿厢门电动机变频器驱动控制电路检测调节及故障查找实训
6	电梯的引导系统	轿厢导轨检测、调节实训
7		对重导轨检测、调节实训
8		导靴与导轨的检测、调节实训
9	电梯的电力拖动系统	曳引电动机变频驱动控制电路检测调节及故障查找实训
10	电梯的电气控制系统	轿厢门控制电路故障查找及排除实训
11		平层装置调节及控制电路故障查找及排除实训
12		楼层、轿厢召唤信号电路故障查找及排除实训
13		轿厢内按钮操纵箱控制电路故障查找及排除实训
14		指层灯箱控制电路故障查找及排除实训
15		轿顶检修箱控制电路故障查找及排除实训
16		门旁路装置操作实训
17		上行程终端位置保护装置故障查找及排除实训
18		下行程终端位置保护装置故障查找及排除实训

续表

序号	系统	实训项目
19	电梯的电气控制系统	照明控制电路故障查找及排除实训
20		通信电路故障查找及排除实训
21		微机控制电路故障查找及排除实训
22		电源电路故障查找及排除实训
23	电梯的安全保护系统	限速器动作调节实训
24		限速器开关动作故障查找实训
25		轿厢意外移动保护功能（UCMP）测试实训
26		安全钳检测调试实训
27		安全钳传动机构调节检测调试实训

（五）设备配置（见附表2-3）

附表2-3　YL-777型电梯设备配置

序号	名称	主要技术指标	数量	单位	备注
1	井道及观测平台	长×宽×高＝5 000 mm×3 900 mm×7 800 mm	1	套	—
2	曳引机	永磁同步曳引机型号：GETM1.5-030；额定转速：36r/min；绕绳比2∶1；额定载重：400 kg	1	套	—
3	轿厢导轨	型号：T75-3/B	1	套	—
4	对重导轨	型号：TK5A	1	套	—
5	轿厢架	材料：Q235/表面喷漆处理	1	套	—
6	轿厢	材料：Q235/表面喷漆处理	1	套	—
7	限速器-张紧装置	型号：OX-240B（单向）；额定速度：≤0.63 m/s	1	套	—
8	限速器传动钢丝绳	公称直径：8 mm；结构：8×19S+FC	1	套	—
9	曳引钢丝绳	公称直径：8 mm；结构：8×19S+FC	1	套	—
10	安全钳	型号：OX-188（渐进式）；额定速度：≤0.63 m/s	1	套	—
11	安全钳传动机构	材料：Q235/表面喷漆处理	1	套	—
12	楼层召唤箱	电压：DC24 V	2	套	1层、2层
13	轿内操作箱	型号：JXW-VF02	1	套	—

续表

序号	名称	主要技术指标	数量	单位	备注
14	上端站保护装置	型号：S3-1370	1	套	—
15	上端站保护装置	型号：S3-1370	1	套	—
16	平层控制装置	型号：SGD31-GG-TZ2B2；电压：DC24 V	1	套	2层2站
17	主控制柜	型号：JXW-VF02；控制系统：NICE1000new	1	套	—
18	轿顶维修盒	型号：OX-510 A	1	套	—
19	电梯照明装置	电压：AC220 V/60 W 螺口	1	套	—
20	轿顶绳轮	轮节径：400 mm；绳槽数：3	1	只	—
21	对重绳轮	轮节径：400 mm；绳槽数：3	1	只	—
22	机房导向轮	轮节径：400 mm；绳槽数：3	1	只	—
23	设备附件	—	1	套	见附表2-4
24	随机资料	相关说明书及图纸	1	套	—

（六）设备附件（见附表2-4）

附表2-4 YL-777型电梯设备附件

序号	名称	型号/规格	数量	单位	备注
1	安全帽	—	2	个	—
2	安全带	双背式安全带	2	套	—
3	隔离带	警戒线护栏	2	个	—
4	安全警示牌	维修支架牌	1	个	—
5		危险支架牌	1	个	—
6	挂牌	维修挂牌	1	个	—
7	水平尺	600 mm	1	把	—
8	线坠	带磁性	1	支	—
9	钢板尺	300 mm	1	件	—
10	锤子	3 lb（磅）	1	把	—
11	活动扳手	250 mm×30 mm	1	把	—
12		300 mm×36 mm	1	把	—

续表

序号	名称	型号/规格	数量	单位	备注
13	一字螺丝刀	3′	1	把	—
14		3 mm×75 mm	1	把	—
15	十字螺丝刀	3′	1	把	—
16		3 mm×75 mm	1	把	—
17	万用表	华谊MY60	1	件	—
18	验电笔	得力8001	1	支	—
19	锉刀	扁锉8 in	1	支	—
20		扁锉6 in	1	支	—
21	卷尺	3 m	1	把	—
22	记号笔	—	1	支	—
23	绝缘胶布	—	1	卷	—
24	尖嘴钳	6′	1	把	—
25	斜口钳	6′	1	把	—
26	内六角扳手	10件套	1	套	—
27	开口扳手（单位：mm）	8—10	1	把	—
28		10—12	1	把	—
29		13—16	1	把	—
30		14—17	1	把	—
31		18—21	1	把	—
32		19—22	1	把	—
33		24—27	1	把	—
34	梅花扳手（单位：mm）	8—10	1	把	—
35		13—16	1	把	—
36		14—17	1	把	—
37		18—21	1	把	—
38		19—22	1	把	—
39		24—27	1	把	—
40	校导尺	JS-302	1	付	—
41	钳形电流表	MS2026	1	件	—

续表

序号	名称	型号/规格	数量	单位	备注
42	顶门器	—	1	件	—
43	塞尺	—	1	把	—
44	工具箱	—	2	支	—
45	三角钥匙	—	1	把	—
46	挂锁	—	1	只	—
47	锁梯钥匙	—	1	把	—

（七）电气图纸（见附表 2-5）

附表 2-5　YL-777 型电梯电气图纸

序号	图名	备注
1	控制电源电路图	—
2	照明电路图	—
3	电梯曳引电动机变频控制电路图	—
4	安全及制动控制电路图	—
5	主控系统接线图	—
6	检修控制电路图	—
7	内呼系统电路图	—
8	外呼系统电路图	—
9	显示与超载系统电路图	—
10	门电动机控制电路图	—
11	应急通信电路图	—
12	机房电缆布置图	—
13	轿顶电缆布置图	—
14	井道电缆布置图	—
15	电缆线号定义 1	—
16	电缆线号定义 2	—
17	电器元件代号	—

部分电路图如附图 2-2~附图 2-12 所示。

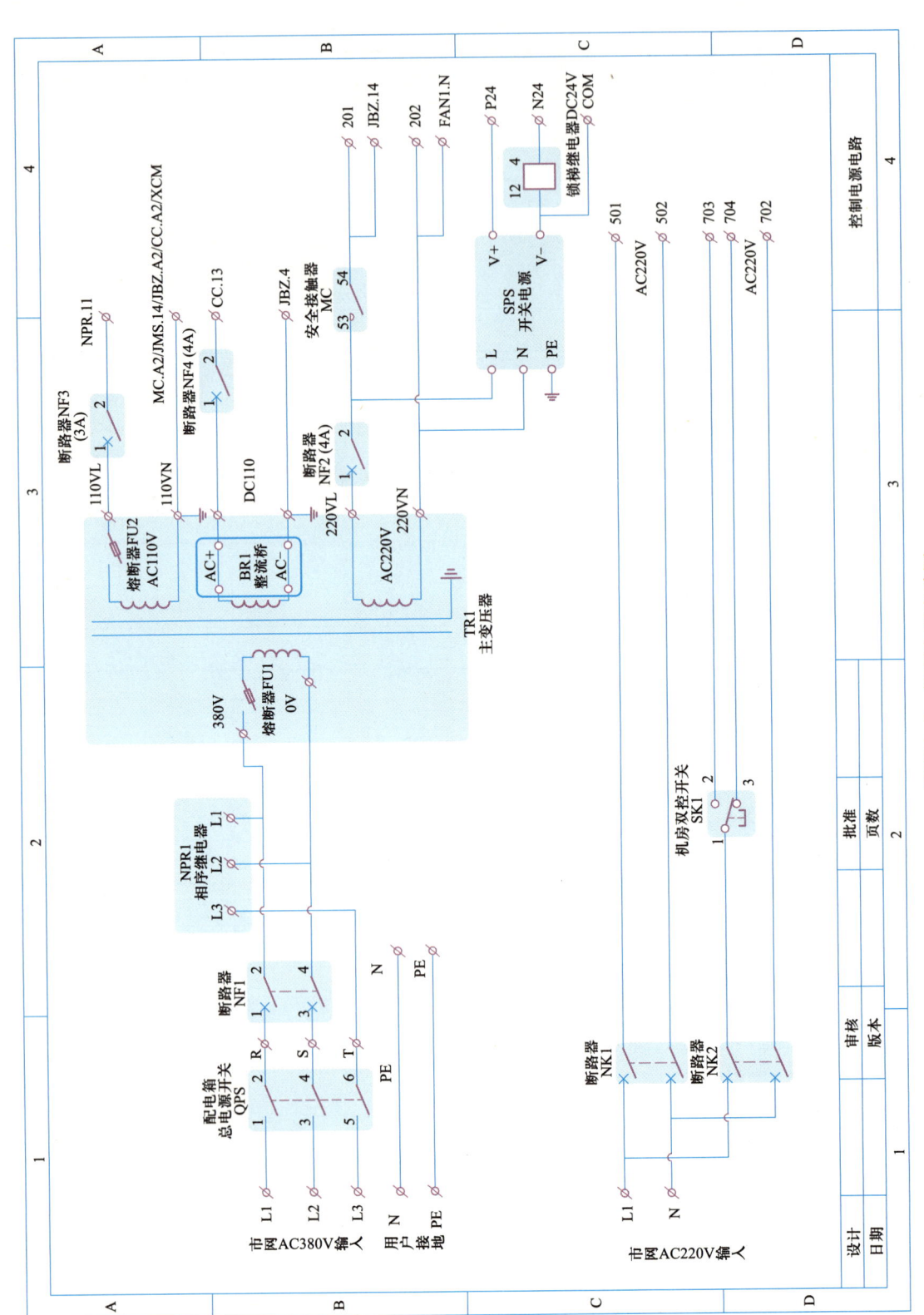

附图 2-2 控制电源电路图

附录2 电梯竞赛设备简介

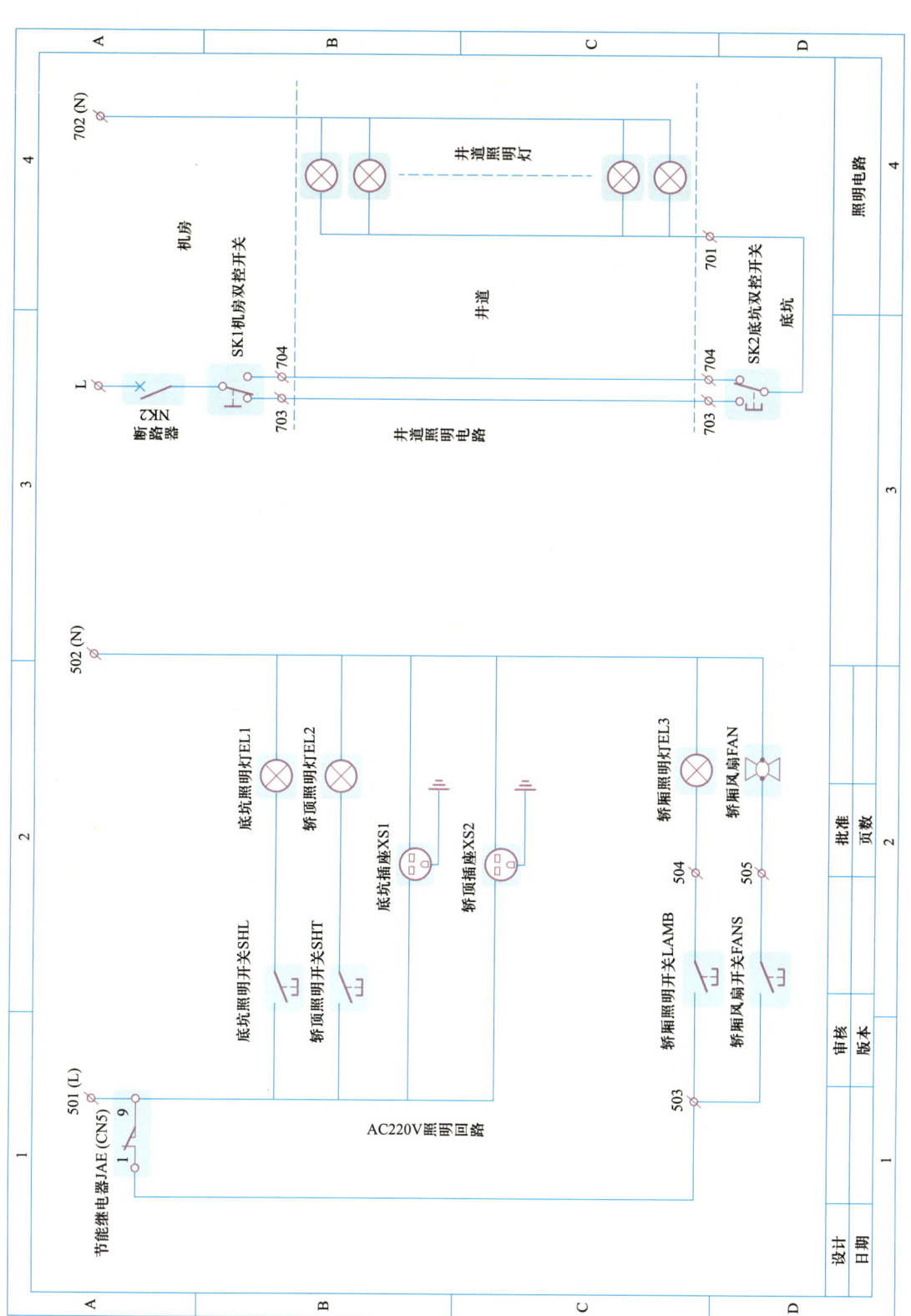

附图2-3 照明电路图

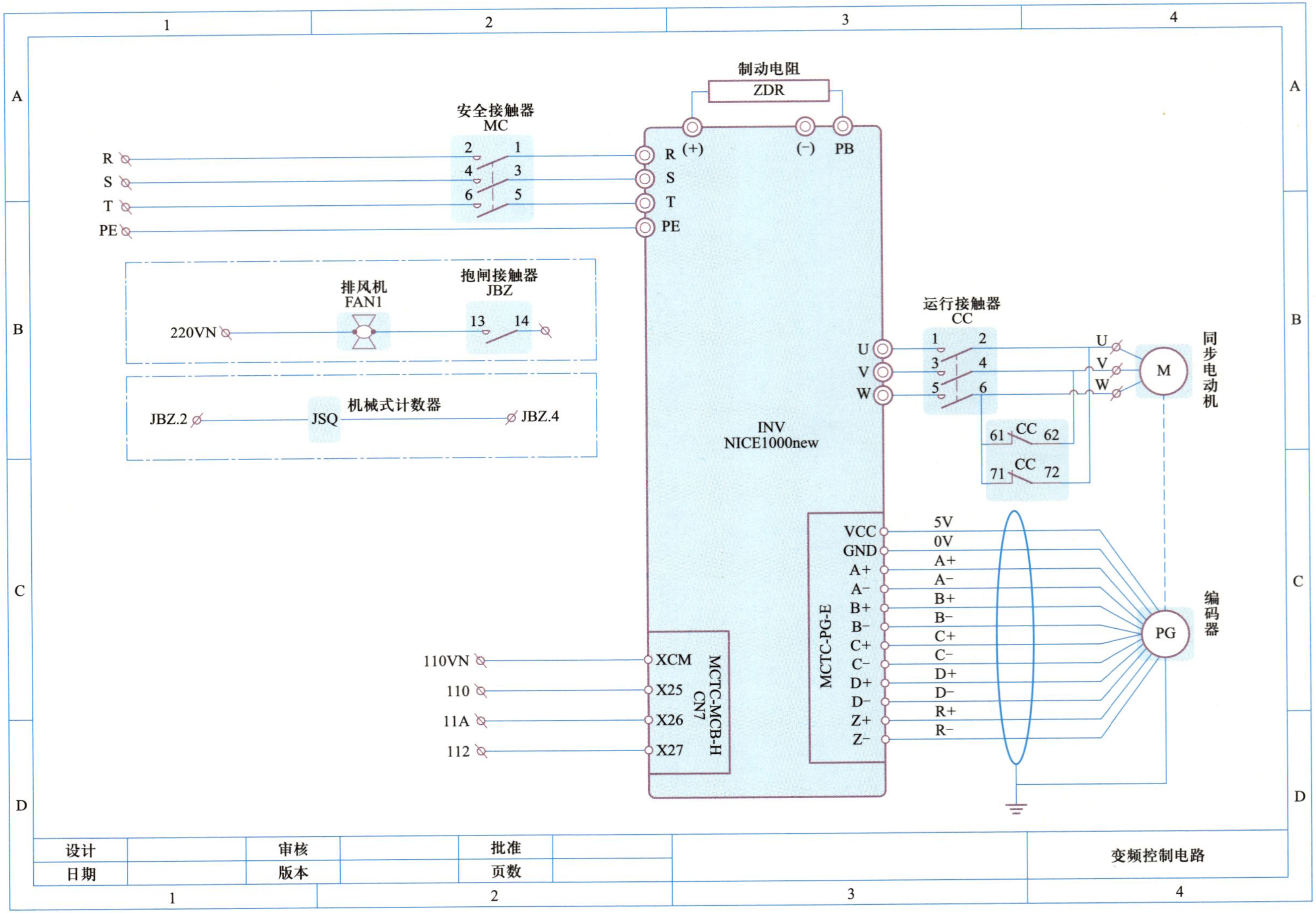

附图 2-4 电梯曳引电动机变频控制电路图

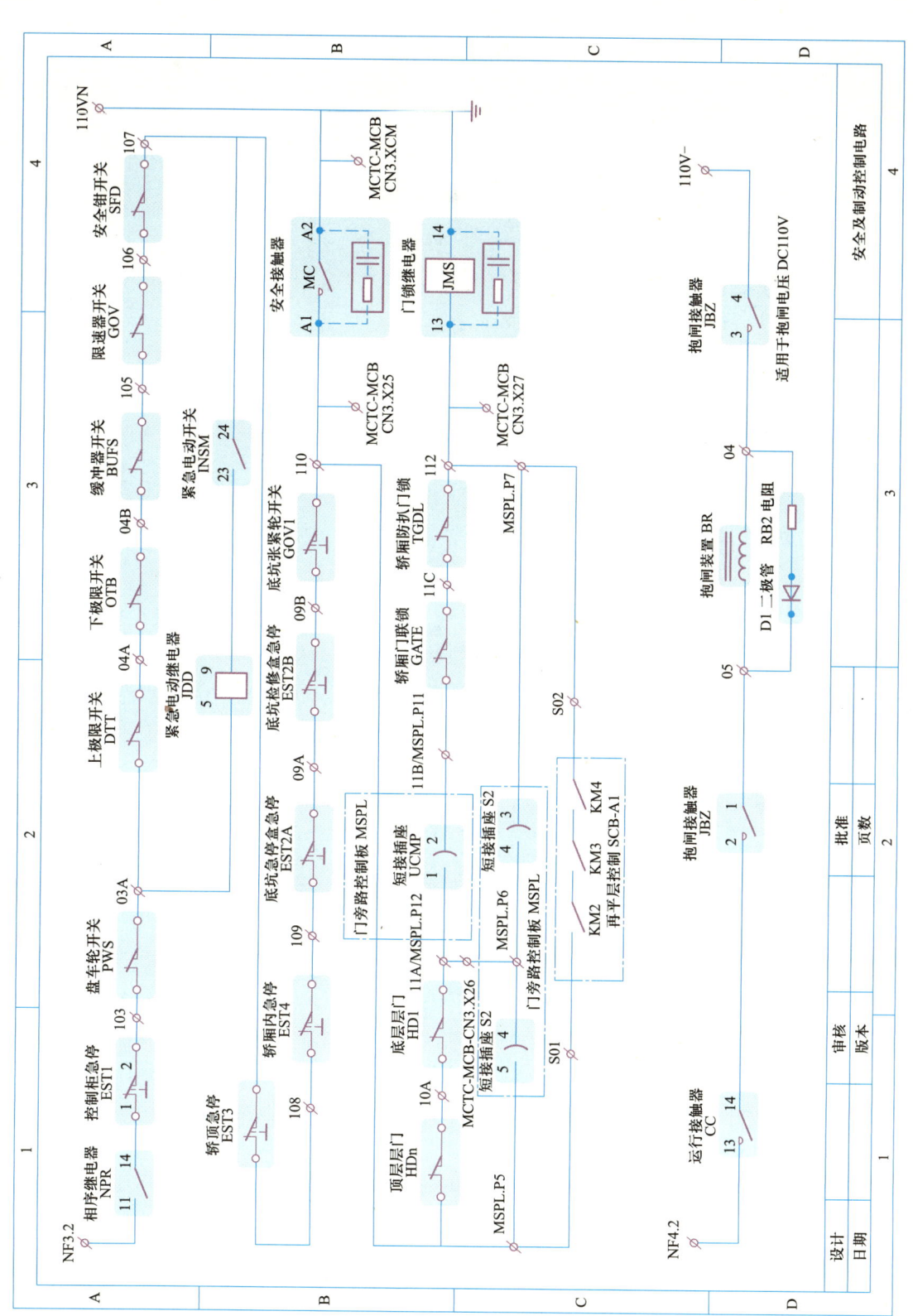

附图 2-5 安全及制动控制电路图

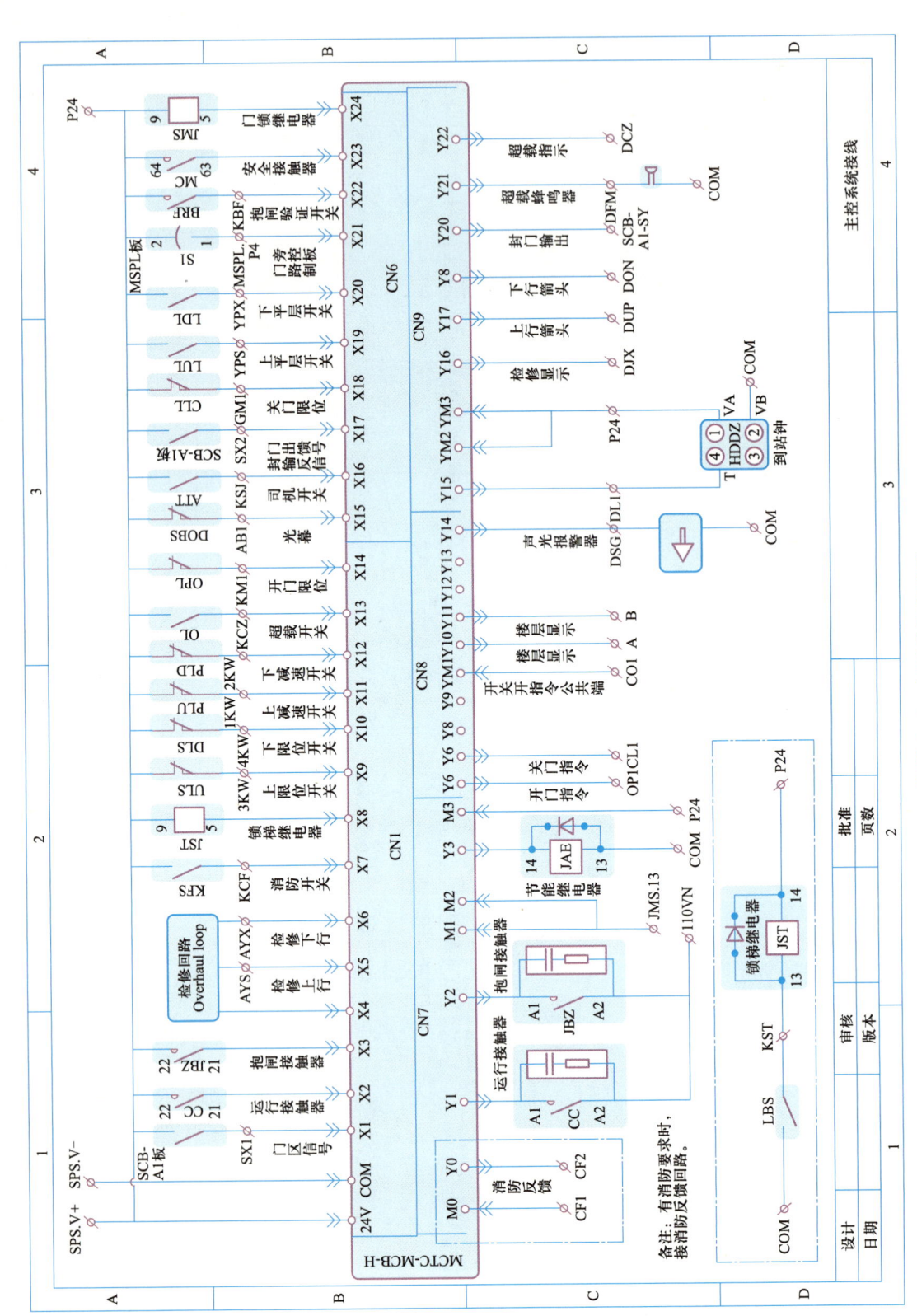

附图 2-6 主控系统接线图

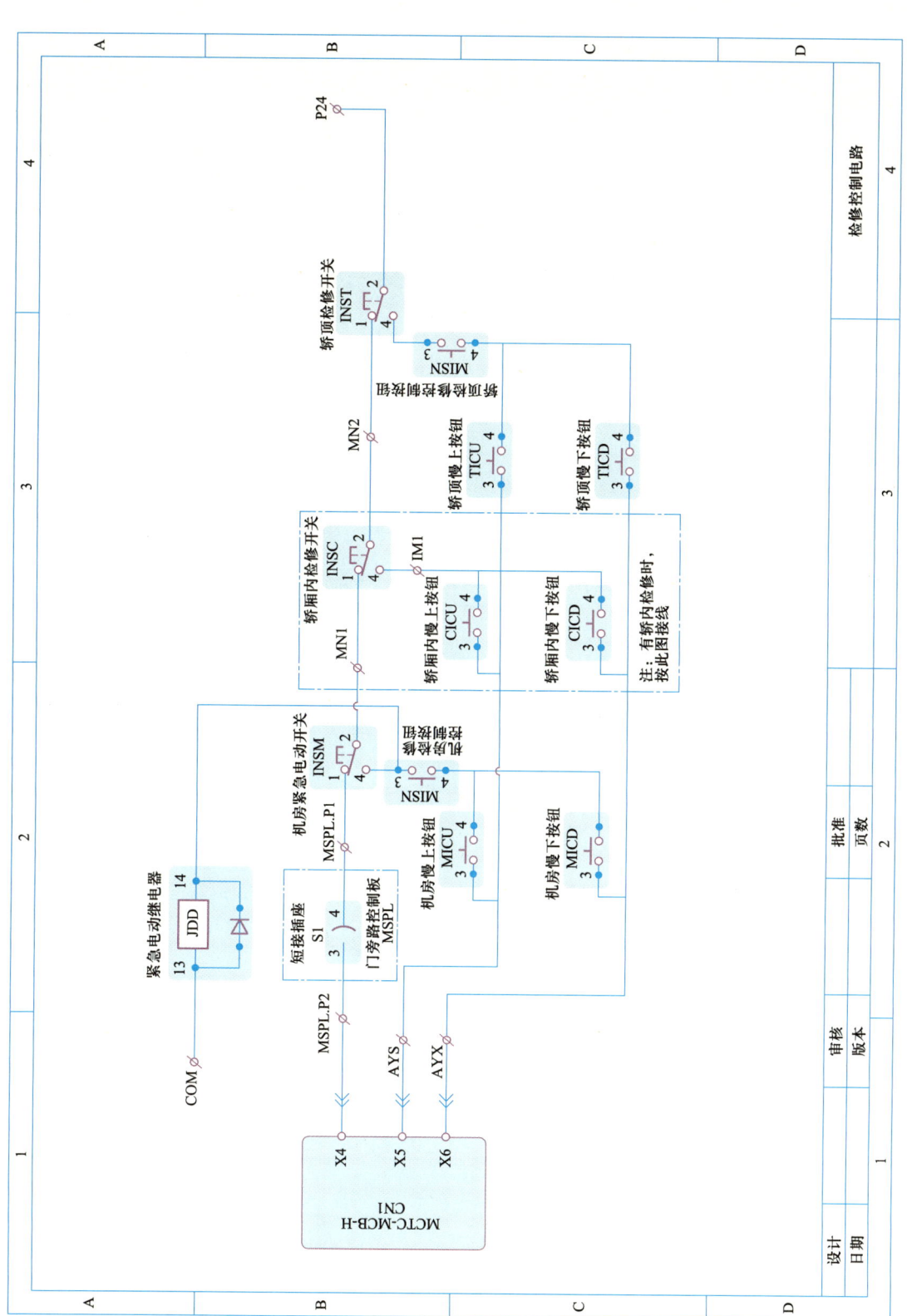

附图 2-7 检修控制电路图

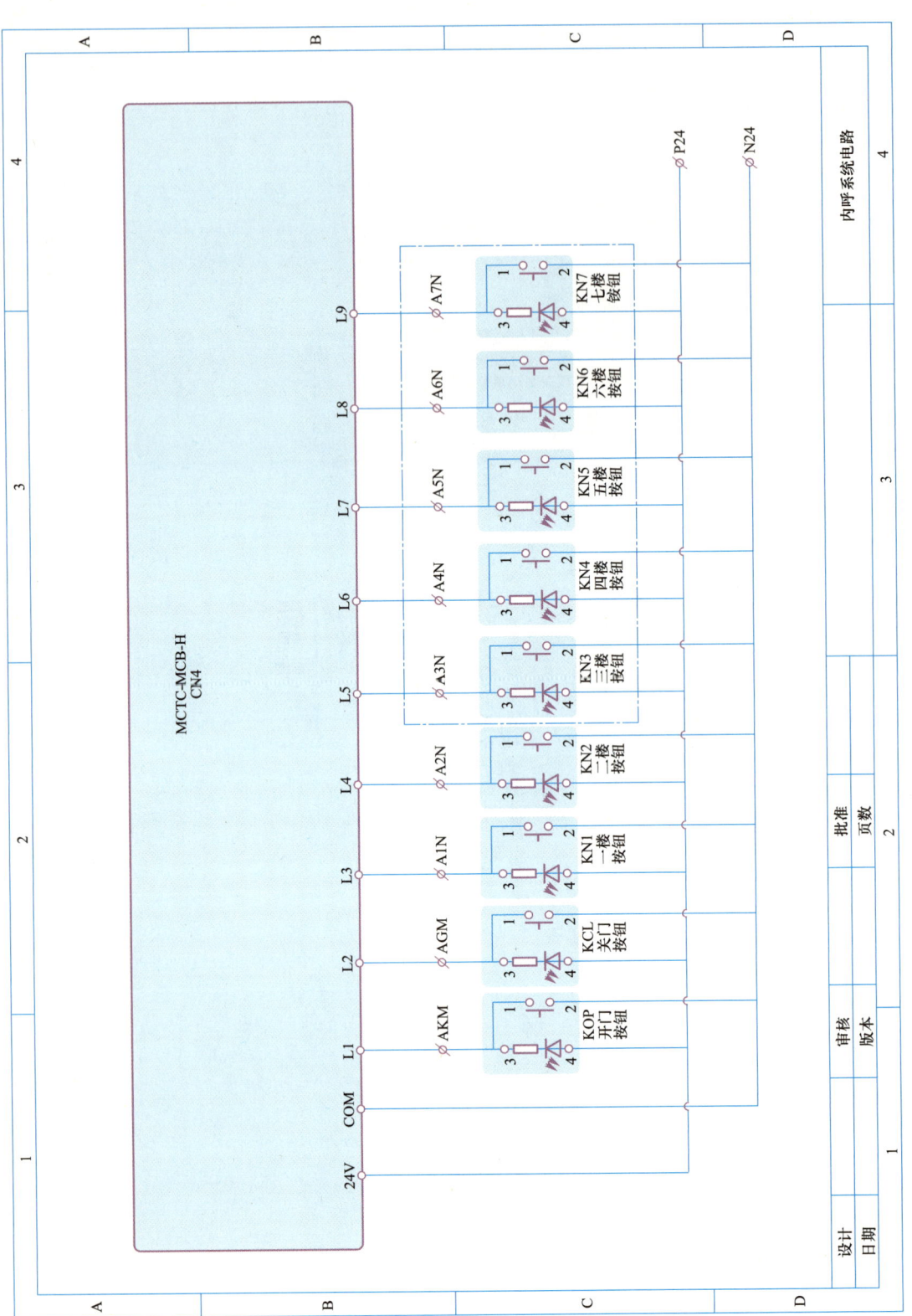

附图 2-8 内呼系统电路图

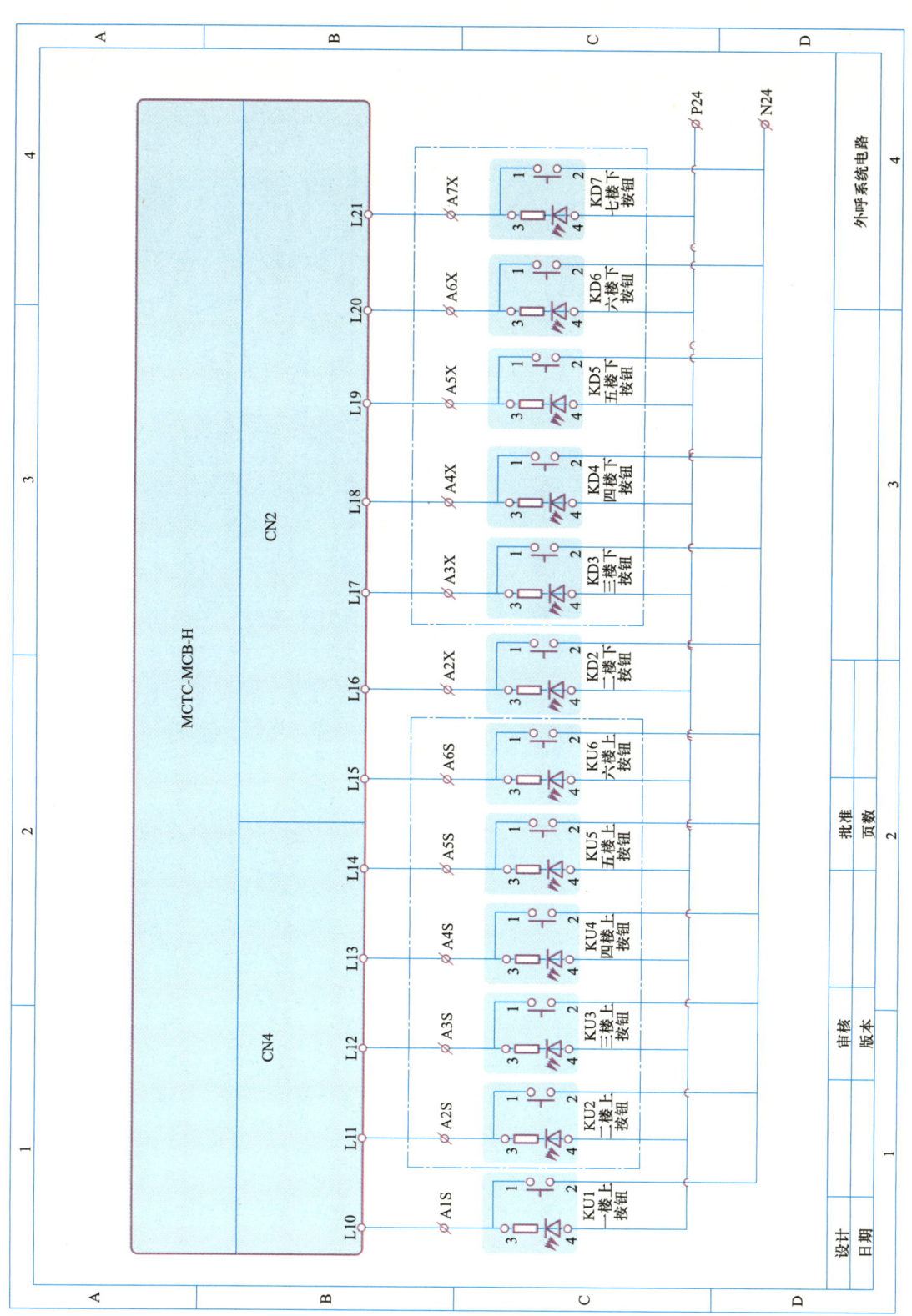

附图 2-9 外呼系统电路图

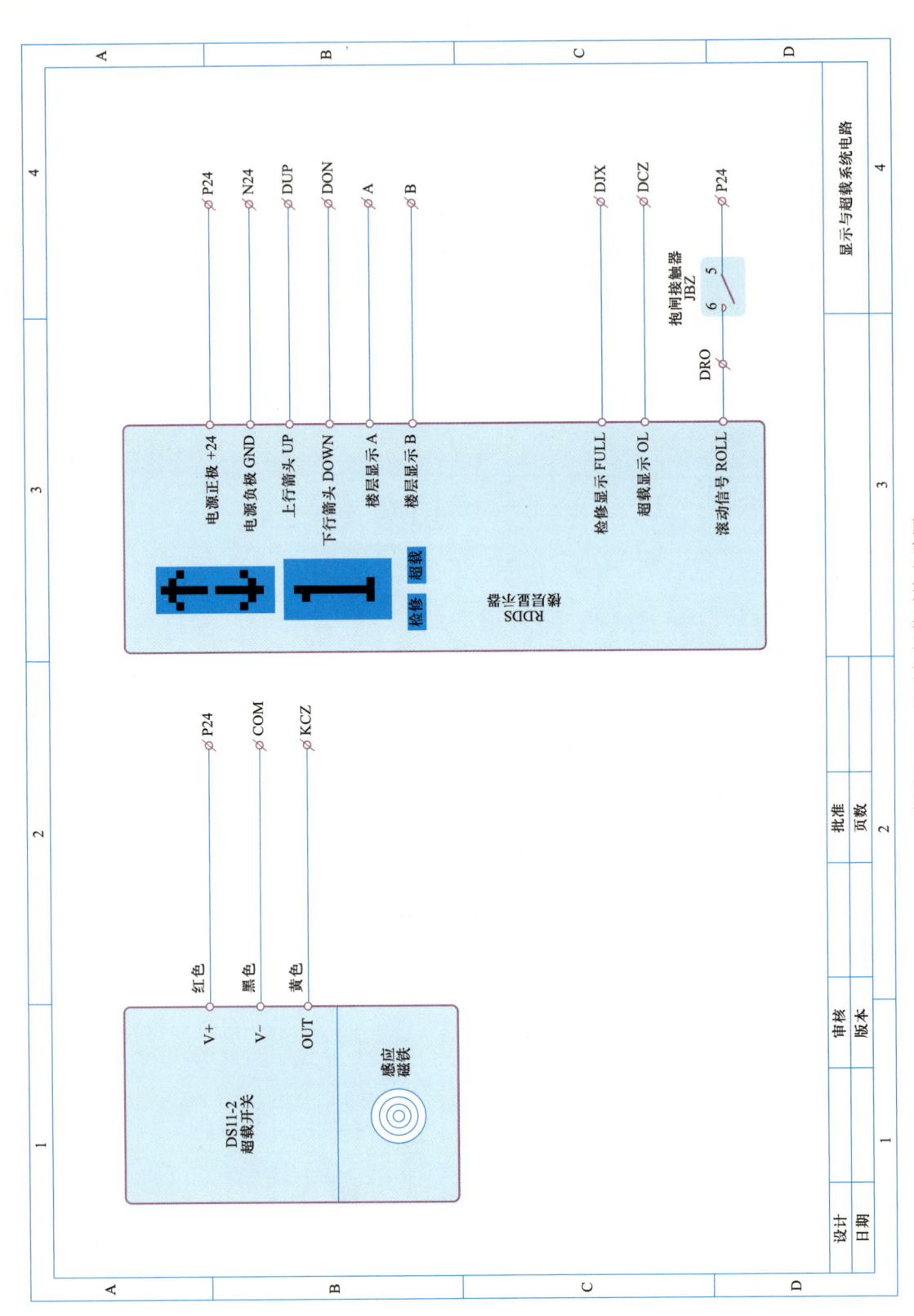

附图 2-10 显示与超载系统电路图

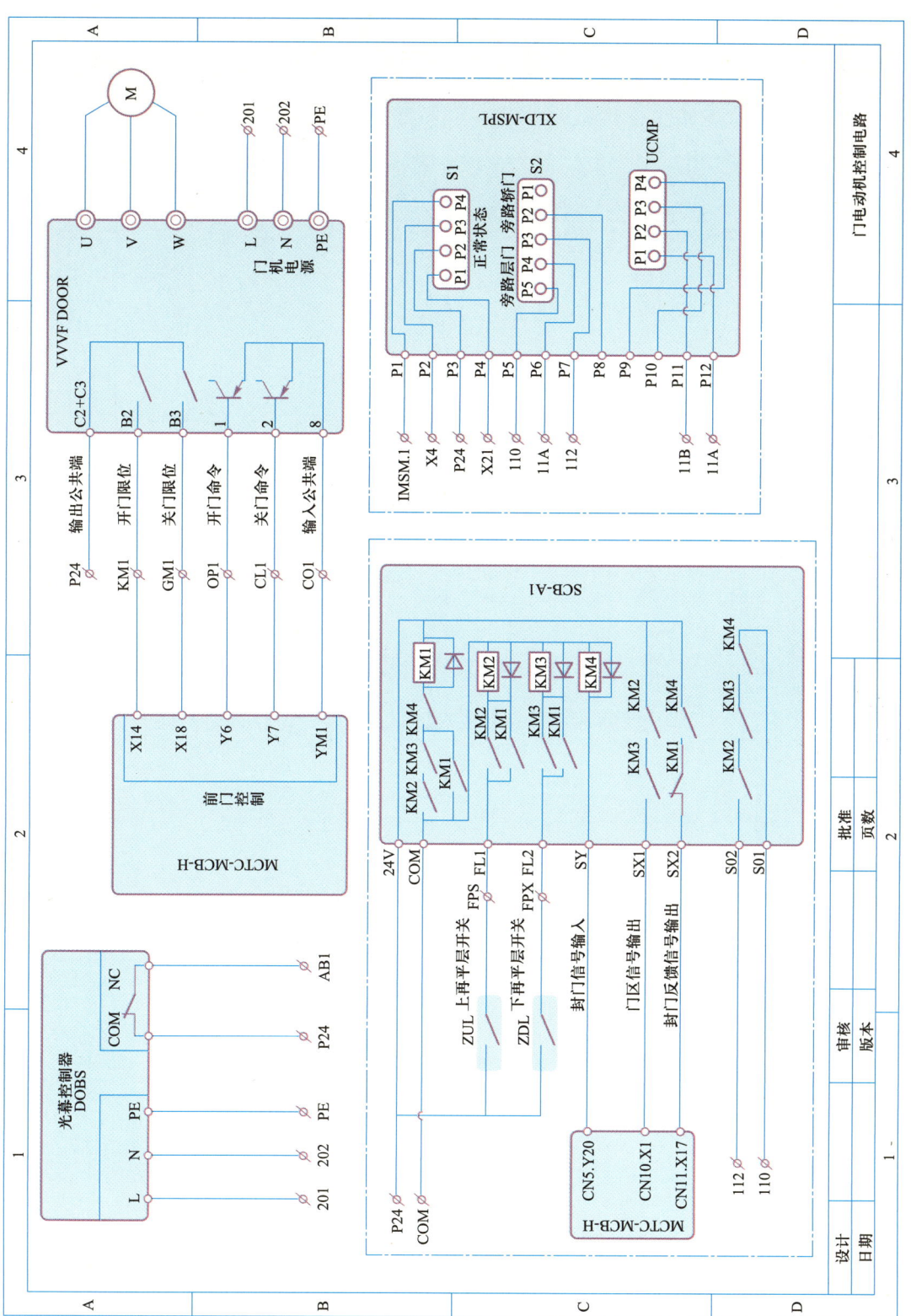

附图 2-11　门电动机控制电路图

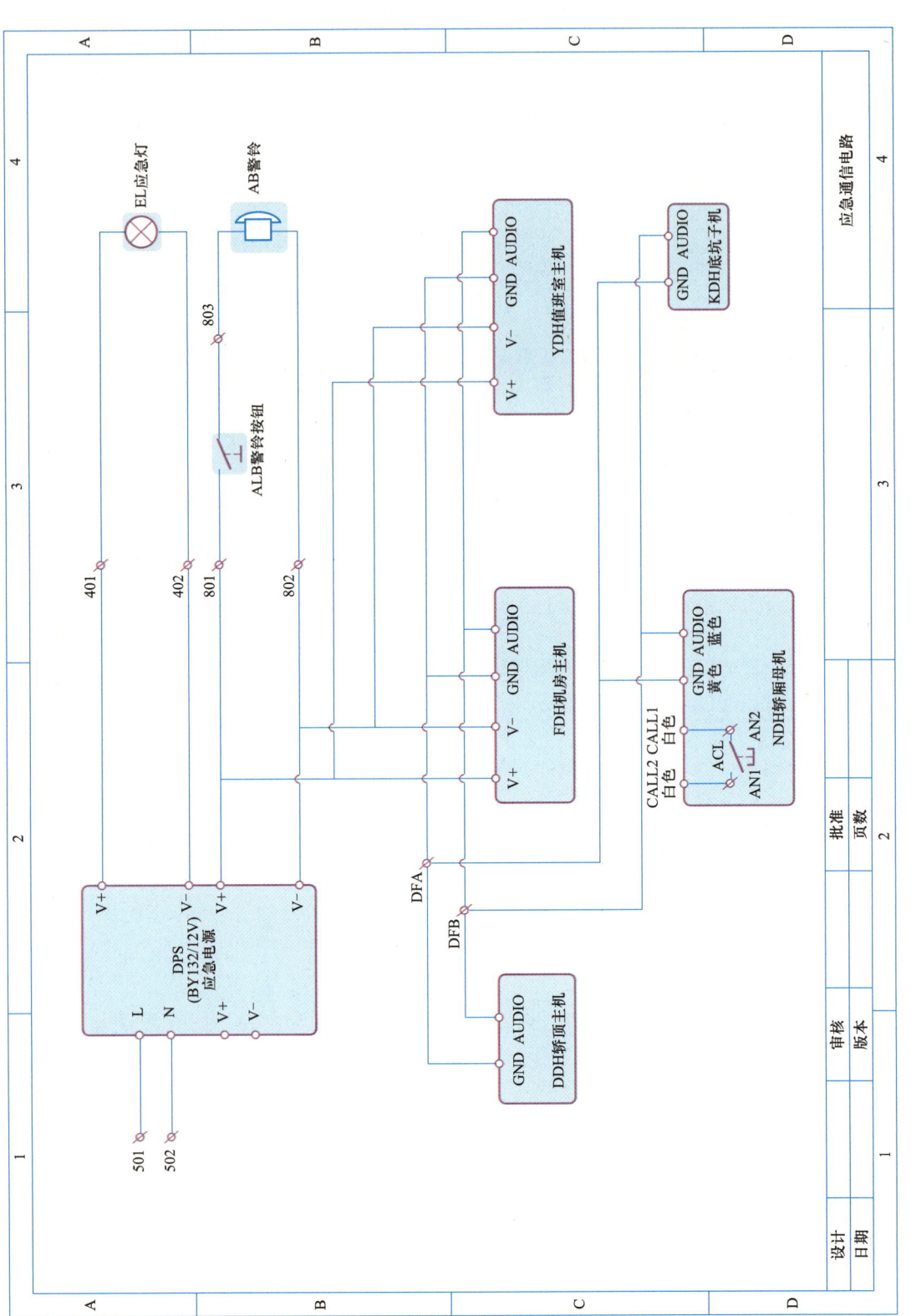

附图 2-12　应急通信电路图

（八）YL-777 型电梯故障代码表

1. 故障类别说明

电梯一体化控制器有近 60 项警示信息和保护功能。电梯一体化控制器实时监视各种输入信号、运行条件、外部反馈信息等，一旦发生异常，相应的保护功能动作，电梯一体化控制器显示故障代码。

电梯一体化控制器是一个复杂的电控系统，它产生的故障信息可以根据对系统的影响程度分为 5 个类别，不同类别的故障相应的处理方式也不同，对应关系见附表 2-6。

附表 2-6　故障分类说明

故障类别	电梯一体化控制器故障状态	电梯一体化控制器处理方式
1 级故障	◆ 显示故障代码 ◆ 故障继电器输出动作	1A——各种工况运行不受影响
2 级故障	◆ 显示故障代码 ◆ 故障继电器输出动作 ◆ 可以进行电梯的正常运行	2A——并联/群控功能无效
		2B——提前开门/再平层功能无效
3 级故障	◆ 显示故障代码 ◆ 故障继电器输出动作 ◆ 停机后立即封锁输出，关闭抱闸	3A——低速时特殊减速停梯，不可再启动
		3B——低速运行不停梯，高速停梯后延迟 3 s，低速可再次运行
4 级故障	◆ 显示故障代码 ◆ 故障继电器输出动作 ◆ 距离控制时系统减速停梯，不可再运行	4A——低速时特殊减速停梯，不可再启动
		4B——低速运行不停梯，高速停梯后延迟 3 s，低速可再次运行
		4C——低速运行不停梯，停梯后延迟 3 s，低速可再次运行
5 级故障	◆ 显示故障代码 ◆ 故障继电器输出动作 ◆ 立即停梯	5A——低速立即停梯，不可再启动运行
		5B——低速运行不停梯，停梯后延迟 3 s，低速可以再运行

2. 故障信息及对策

如果电梯一体化控制器出现故障报警信息，将会根据故障代码的级别进行相应处理。此时用户可以根据附表 2-7 中所提示的信息进行故障分析，确定故障原因，找出解决方法。

附表 2-7　故障分类说明

故障代码	故障描述	故障原因	处理方法	类别
Err02	加速过电流	◆主电路输出接地或短路 ◆电动机是否进行了参数调谐 ◆负载太大 ◆编码器信号不正确 ◆UPS 运行反馈信号是否正常	◆检查控制器输出侧，运行接触器是否正常 ◆检查动力线是否有表层破损，是否有对地短路的可能性，连线是否牢靠 ◆检查电动机侧接线端是否有铜丝搭地；检查电动机内部是否短路或搭地 ◆检查封星接触器是否造成控制器输出短路 ◆检查电动机参数是否与铭牌相符 ◆重新进行电机参数自学习 ◆检查抱闸报故障前是否持续张开；检查是否有机械卡死 ◆检查平衡系数是否正确	5A
Err03	减速过电流	◆主回路输出接地或短路 ◆电动机是否进行了参数调谐 ◆负载太大 ◆减速曲线太陡 ◆编码器信号不正确		5A
Err04	恒速过电流	◆主电路输出接地或短路 ◆电动机是否进行了参数调谐 ◆负载太大 ◆旋转编码器干扰大	◆检查编码器相关接线是否正确可靠。异步电动机可尝试开环运行，比较电流，以判断编码器是否工作正常 ◆检查编码器每转脉冲数设定是否正确；检查编码器信号是否受干扰；检查编码器走线是否独立穿管，走线距离是否过长；屏蔽层是否单端接地 ◆检查编码器安装是否可靠，旋转轴是否与电动机轴连接牢靠，高速运行中是否平稳 ◆检查在非 UPS 运行状态下，UPS 反馈是否有效了（Err02） ◆检查加/减速度是否过大（Err02、Err03）	5A
Err05	加速过电压	◆输入电压过高 ◆电梯倒拉严重 ◆制动电阻选择偏大，或制动单元异常 ◆加速曲线太陡	◆调整输入电压；观察母线电压是否正常，运行中是否上升太快 ◆检查平衡系数 ◆选择合适制动电阻；参照制动电阻推荐参数表观察是否阻值过大 ◆检查制动电阻接线是否有破损，是否有搭地现象，接线是否牢靠	5A
Err06	减速过电压	◆输入电压过高 ◆制动电阻选择偏大，或制动单元异常 ◆减速曲线太陡		5A
Err07	恒速过电压	◆输入电压过高 ◆制动电阻选择偏大，或制动单元异常		5A
Err10	驱动器过载	◆抱闸电路异常 ◆负载过大 ◆编码器反馈信号是否正常 ◆电动机参数是否正确 ◆检查电动机动力线	◆检查抱闸电路，供电电源 ◆减小负载 ◆检查编码器反馈信号及设定是否正确，同步电动机编码器初始角度是否正确 ◆检查电动机相关参数，并调谐 ◆检查电动机相关动力线（参见 Err02 处理方法）	4A

续表

故障代码	故障描述	故障原因	处理方法	类别
Err12	输入侧缺相	◆输入电源不对称 ◆驱动控制板异常	◆检查输入侧三相电源是否平衡，电源电压是否正常，调整输入电源 ◆请与代理商或厂家联系	4A
Err13	输出侧缺相	◆主电路输出接线松动 ◆电动机损坏	◆检查连线 ◆检查输出侧接触器是否正常 ◆排除电动机故障	4A
Err15	输出侧异常	◆制动输出侧短路 ◆UVW 输出侧工作异常	◆检查制动电阻、制动单元接线是否正确，确保无短路 ◆检查主接触器工作是否正常 ◆请与厂家或代理商联系	5A
Err16	电流控制故障	◆励磁电流偏差过大 ◆力矩电流偏差过大 ◆超过力矩限定时间过长	◆检查编码器电路 ◆输出空开断开 ◆电流环参数太小 ◆零点位置不正确，重新自学习 ◆负载太大	5A
Err17	编码器基准信号异常	◆Z 信号到达时与绝对位置偏差过大 ◆绝对位置角度与累加角度偏差过大	◆检查编码器是否正常 ◆检查编码器接线是否可靠正常 ◆检查 PG 卡连线是否正确 ◆控制柜和主机接地是否良好	5A
Err19	电动机调谐故障	◆电动机无法正常运转 ◆参数调谐超时 ◆同步机旋转编码器异常	◆正确输入电动机参数 ◆检查电动机引线及输出侧接触器是否缺相 ◆检查旋转编码器接线，确认每转脉冲数设置正确 ◆不带载调谐的时候，检查抱闸是否张开 ◆同步机带载调谐时是否没有完成调谐即松开了检修运行按钮	5A
Err20	速度反馈错误故障	1：辨识过程 AB 信号丢失 3：电机线序接反 4：辨识过程检测不到 Z 信号 5：SIN_COS 编码器 CD 断线 7：UVW 编码器 UVW 断线 8：角度偏差过大 9：超速或者速度偏差过大 10、11：SIN_COS 编码器的 AB 或者 CD 信号受干扰 12：转矩限定，测速为 0 13：运行过程中 AB 信号丢失 14：运行过程中 Z 信号丢失 19：低速运行过程中 AB 模拟量信号断线 55：调谐中，CD 信号错误或者 Z 信号严重干扰错误	3：请调换电动机 UVW 三相中任意两相的线序；1、4、5、7、8、10、11、13、14、19：检查编码器各相信号接线 9：同步机 F1-00/12/25 是否设定正确 12：检查运行中是否有机械卡死；检查运行中抱闸是否已打开 55：检查接地情况，处理干扰	5A

续表

故障代码	故障描述	故障原因	处理方法	类别
Err22	平层信号异常	01：楼层切换过程中，平层信号有效 102：从电梯启动到楼层切换过程中，没有检测到平层信号的下降沿 103：电梯在自动运行状态下，出平层位置偏差过大	101、102：请检查平层、门区感应器是否工作正常；检查平层插板安装的垂直度与深度；检查主控制板平层信号输入点 103：检查钢丝绳是否打滑	1A
Err30	电梯位置异常	101、102：快车运行或返平层运行模式下，运行时间大于F9-02，但平层信号无变化	101、102：检查平层信号线连接是否可靠，是否有可能搭地，或者与其他信号短接；检查楼层间距是否较大导致返平层时间过长；检查编码器电路，是否存在信号丢失	4A
Err33	电梯速度异常	101：快车运行超速 102：检修或井道自学习运行超速 103：自溜车运行超速 104：应急运行超速 105：开启了F6-69的Bit8应急运行时间保护，运行超过50 s报超时故障	101：确认旋转编码器使用是否正确；检查电机铭牌参数设定；重新进行电机调谐 102：尝试降低检修速度，或重新进行电机调谐 103：检查封星功能是否有效 104、105：查看应急电源容量是否匹配；检查应急运行速度设定是否正确	5A
Err35	井道自学习数据异常	101：自学习启动时，当前楼层不是最小层或下强迫减速无效 102：井道自学习过程中检修开关断开 103：上电判断未进行井道自学习 104：距离控制模式下，启动运行时判断未进行井道自学习 106、107、109、114：上下平层感应到的插板脉冲长度异常 108、110：自学习平层信号超过45s无变化 111、115：存储的楼高小于50 cm 112：自学习完成当前层不是最高层 113：脉冲校验异常	101：检查下减速是否有效；当前楼层F4-01是否为最低层 102：检查电梯是否在检修状态 103、104：需要进行井道自学习 106、107、109、114：平层感应器动合动断设定错误；平层感应器信号有闪动，请检查插板是否安装到位，检查是否有强电干扰；异步电梯，隔磁板是否太长 108、110：运行时间超过时间保护F9-02，仍没有收到平层信号 111、115：若有楼层高度小于50 cm，请开通超短层功能；若无请检查这一层的插板安装，或者检查感应器 112：最大楼层F6-00设定太小，与实际不符 113：检查平层感应器信号是否正常，重新进行井道自学习	4C
Err36	运行接触器反馈异常	101：运行接触器未输出，但运行接触器反馈有效 102：运行接触器有输出，但运行接触器反馈无效 103：异步电机启动电流过小 104：运行接触器复选反馈点动作状态不一致	101、102、104：检查接触器反馈触点动作是否正常；确认反馈触点信号特征（动合，动断） 103：检查电梯一体化控制器的输出线、UVW是否连接正常；检查运行接触器线圈控制电路是否正常	5A

续表

故障代码	故障描述	故障原因	处理方法	类别
Err37	抱闸接触器反馈异常	101：抱闸接触器输出与抱闸反馈状态不一致 102：复选的抱闸接触器反馈点动作状态不一致 103：抱闸接触器输出与抱闸反馈2状态不一致 104：复选的抱闸反馈2反馈点动作状态不一致	101~104：检查抱闸线圈及反馈触点是否正确；确认反馈触点的信号特征（动合，动断）；检查抱闸接触器线圈控制电路是否正常	5A
Err38	旋转编码器信号异常	01：F4-03 脉冲信号无变化时间超过 F1-13 时间值 102：运行方向和脉冲方向不一致	101、102：确认旋转编码器使用是否正确；更换旋转编码器的 A、B 相；检查系统接地与信号接地是否可靠；检查编码器与 PG 卡之间线路是否正确	5A
Err41[2]	安全电路断开	101：安全电路信号断开	101：检查安全电路各开关，查看其状态；检查外部供电是否正确；检查安全电路接触器动作是否正确；检查安全反馈触点信号特征（动合，动断）	5A
Err42[3]	运行中门锁断开	101：电梯运行过程中，门锁反馈无效	101：检查层门、轿厢门门锁是否连接正常；检查门锁接触器动作是否正常；检查门锁接触器反馈点信号特征（动合，动断）；检查外围供电是否正常	5A
Err43	上限位信号异常	101：电梯向上运行过程中，上限位信号动作	101：检查上限位信号特征（动合，动断）；检查上限位开关是否接触正常；限位开关安装偏低，正常运行至端站也会动作	4C
Err44	下限位信号异常	101：电梯向下运行过程中，下限位信号动作	101：检查下限位信号特征（动合，动断）；检查下限位开关是否接触正常；限位开关安装偏高，正常运行至端站也会动作	4C
Err45	强迫减速开关异常	101：井道自学习时，下强迫减速距离不足 102：井道自学习时，上强迫减速距离不足 103：正常运行时，强迫减速位置异常 104、105：强迫减速有效时速度超过电梯最大运行速度	101~103：检查上、下级减速开关接触正常；确认上、下级减速信号特征（动合，动断） 104、105：确认强迫减速安装距离满足此梯速下的减速要求	4B
Err46	再平层异常	101：再平层运行，平层信号都无效 102：再平层速度超过 0.1 m/s 103：快车运行启动时，再平层状态有效且有封门反馈 104：再平层运行时封门输出 2 s 后没有收到封门反馈或门锁信号	101：检查平层信号是否正常 102：确认旋转编码器使用是否正确 103、104：检查平层感应器信号是否正常；检查封门反馈输入点（动合，动断）；检查 SCB-A 板继电器及接线	2B

续表

故障代码	故障描述	故障原因	处理方法	类别
Err48	开门故障	101：连续开门不到位次数超过 Fb-13 设定	101：检查门机系统工作是否正常；检查轿顶控制板是否正常；检查开门到位信号是否正确	5A
Err49	关门故障	101：连续关门不到位次数超过 Fb-13 设定	101：检查门机系统工作是否正常；检查轿顶控制板是否正常；检查门锁动作是否正常	5A
Err50	平层信号连续丢失	◆ 连续 3 次平层信号粘连、丢失（即连续三次报 E22）	◆ 请检查平层、门区感应器是否工作正常 ◆ 检查平层插板安装的垂直度与深度 ◆ 检查主控制板平层信号输入点；检查钢丝绳是否打滑	5A
Err53	门锁故障	101：开门过程中门锁反馈信号同时有效，时间大于 3s 102：多个门锁反馈信号状态不一致，时间大于 2s	101：检查门锁电路动作是否正常；检查门锁接触器反馈触点动作是否正常；检查在门锁信号有效的情况下系统收到了开门到位信号 102：层门、轿厢门门锁信号分开检测时，层门、轿厢门锁状态不一致	5A
Err55	换层停靠故障	101：电梯在自动运行时，本层开门不到位	101：检查该楼层开门到位信号	1A
Err58	位置保护开关异常	101：上下强迫减速同时断开 102：上下限位反馈同时断开	101-102：检查强迫减速开关、限位开关动合、动断属性与主控板参数动合、动断设置是否一致；检查强迫减速开关、限位开关是否误动作	4B

注：［1］上表中部分故障描述中的数字代号（如 1、3、…、101、102、103、…）为故障子码。
　　［2］E41 在电梯停止状态不记录此故障。
　　［3］E42 故障在门锁通时自动复位以及在门区出现故障 1 s 后自动复位。
　　［4］当有 E57 故障时，若此故障持续有效，则每隔 1 小时才记录一次。
　　［5］永磁同步无齿轮曳引机将三相绕组引出线用导线或者串联电阻连接成星形，行业内称为"封星"。此时曳引机作为三相交流永磁发电机，电梯机械系统的不平衡力矩带动曳引轮运转，则发电机吸收机械能转化为电能，通过"封星"导线或电阻形成的闭合电路将电能消耗。当机械转矩与电动机电磁转矩相平衡时，曳引机即可以匀速运行。
　　［6］"封门"是指有贯通门时，被封的一扇门。

三、YL-2170A 型自动扶梯维修与保养实训考核装置

（一）产品概述

YL-2170A 型自动扶梯维修与保养实训考核装置（以下简称"YL-2170A 型扶梯"如附图 2-13 所示，是 YL-777 型电梯的配套设备之一。该装置是根据自动扶梯安装、维修与保养职业岗位要求，按照相关国家标准和职业考核鉴定标准开发的教学设备，适合于各类职业院校和技工院校电梯类相关专业以及职业资格鉴定中心和培训考核机构教学使用。

附图 2-13　YL-2170A 型扶梯

　　YL-2170A 型扶梯采用金属骨架、曳引装置、驱动装置、扶手驱动装置、梯路导轨、梯级传动链、梯级、梳齿前沿板、电气控制系统、自动润滑系统等部分组成。电气控制部分采用默纳克一体机控制系统，曳引机采用立式曳引机驱动，同时配套有相应的故障点设置，学习者可以通过故障现象在装置上检测查找故障点的位置，并将其修复。学习者也可以根据自动扶梯维护保养的要求进行维保实训。

　　（二）主要技术参数

　　1. 工作电源：三相五线，AC380 V/220 V，±7%，50 Hz。

　　2. 工作环境：温度 −10～+40℃；相对湿度 <95%RH 无水珠凝结；海拔 <1 000 m；环境空气中不应含有腐蚀性和易燃性气体。

　　3. 扶梯提升高度：1 000 mm。

　　4. 倾斜度：35°。

　　5. 梯级宽度：800 mm。

　　6. 运行速度：≤0.5 m/s。

　　7. 额定功率：5.5 kW。

　　8. 额定电压：AC380 V，50 Hz。

　　9. 运行噪声：≤60 dB。

　　10. 外形尺寸：长 × 宽 × 高 = 9 000 mm × 3 300 mm × 3 800 mm。

　　11. 安全保护：接地，漏电，过压，过载，短路。

　　12. 对安装场地的基本要求：

　　（1）实训室最小空间要求：长 × 宽 × 高 ≥10 m × 5 m × 4.2 m。

　　（2）实训室入口的开门尺寸要求：宽 × 高 ≥3 m × 3 m。

（三）结构和功能特点

学习者可以根据自动扶梯维修规范要求，借助该装置对自动扶梯进行维修与保养实训操作。在金属桁架两侧装有可方便拆卸的有机玻璃护板，方便学习者认识自动扶梯内部结构及工作原理，更适用于教学实训。电气控制部分采用目前市场主流的 VVVF 控制技术，控制系统包括驱动站控制箱、转向站配线箱、照明装置、安全开关、控制按钮、监控装置，均在上部机房控制箱内，为教学提供了真实、便捷的实训环境。设备具有正常运行、检修运行、变频自启动运行、缺相和错相保护、电动机过热保护等主要功能。

设备监控采用默纳克扶梯可编程安全系统，具有驱动链安全保护；错、断相保护；梯级链安全保护；扶手带进入保护；非操作逆转保护；梳齿板安全保护；围群板安全保护；梯级下陷保护；电动机过载保护；电路接地故障保护；扶手带断带保护；梯级缺失保护；扶手带速度监控；主机抱闸打开检测；检修盖板打开检测；梯级制停距离检测等安全辅助功能。另外还增加了附加制动装置。

实训时建议按小班制分组（2~5人为一组）轮换进行实训。倡导采用任务或项目教学方法，让学习者经历接受任务→明确任务→获取信息→制订计划并组织实施→进行检查和对完成任务的情况进行评价反馈的全过程，从而学习完成任务所必须掌握的专业理论知识与应用技术，掌握操作技能。

（四）主要实训项目（见附表2-8）

附表 2-8 YL-2170A 型扶梯可开设的主要实训项目

序号	实训项目
1	自动扶梯的安全操作与使用实训
2	自动扶梯维修保养前基本安全操作实训
3	梯级的拆装操作实训
4	梳齿板的调整实训
5	梳齿前沿板的调整实训
6	扶手带的调整实训
7	梯级链张紧装置的调整实训
8	驱动链的调整实训
9	制动器的调整实训
10	附加制动器的调整实训
11	自动扶梯日常维护保养实训
12	自动扶梯紧急救援实训
13	自动扶梯安全电路故障查找及排除实训

续表

序号	实训项目
14	自动扶梯检修电路故障查找及排除实训
15	自动扶梯安全监控电路故障查找及排除实训
16	自动扶梯动力电路故障查找及排除实训
17	自动扶梯控制电路故障查找及排除实训

（五）设备配置（见附表2-9）

附表2-9　YL-2170A型扶梯设备配置

序号	名称	主要技术指标	数量	单位	备注
1	自动扶梯框架	材料：Q235标准型钢；表面喷漆处理	1	套	自动扶梯框架采用Q235标准型钢，平台周围设有扶手及防护栏
2	金属桁架	型号：TET；材料：Q235A标准角钢；表面喷漆处理	1	套	含梯路导轨
3	驱动主机	型号：TJ-400；最大输出转速：39.18 r/min；额定电压：AC380 V；额定输出扭矩：3 100 N·m；电动机功率：5.5 kW；减速箱减速比：24.5∶1；制动型号：BRA600；制动器工作电压：AC220 V	1	套	含电动机、减速箱、制动器、附加制动器
4	驱动链	型号：20A-2；节距：31.75 mm	2	条	—
5	梯级	型号：FY-TJ800；材料：AISi12（铝合金）；倾斜度：35°；梯级宽度：802.5 mm；梯级深度：404 mm	若干	个	
6	梯级传动链	型号：T133-135；节距：133.33 mm；梯级距：400 mm；滚轮直径：70 mm；轮缘宽度：25 mm；轮缘材料：聚氨酯；滚轮轴承型号：6240-2RS	2	条	
7	张紧装置	梯级链轮齿数：16；单位节距分度圆直径：5.125 8	1	套	含梯级链轮、轴、张紧小车以及梯级链的弹簧等
8	扶手带	型号：SDS；抗拉强度：≥25.0 kN；扶手宽度：79 mm；内口宽度：62 mm；内口深度：10.6 mm	2	条	—
9	扶手带摩擦轮	材料：铸铁衬橡胶	2	个	

续表

序号	名称	主要技术指标	数量	单位	备注
10	扶手导轨	导轨材料：Q235	4	套	含冷拉金属导轨和滚动轴承尼龙导轮组成
11	扶手玻璃	材料：钢化玻璃；厚度：10 mm	1	套	—
12	围裙板	表面材质：不锈钢；表面处理方式：发纹	1	套	—
13	控制柜	型号：TKD-200；控制方式：VVVF；PLC：CP1E，安全监控系统：MCTC-PES-E1	1	套	接触器：施耐德 继电器：施耐德
14	附加制动器	制动力矩：8 667.15 N·m；工作电压：AC220 V	1	套	—
15	自动润滑装置	自动润滑系统	1	套	含润滑泵、滤油器、分油块、毛刷及油管等
16	楼层板	表面材质：不锈钢；表面处理方式：防滑花纹板	1	套	—
17	上下前沿板保护开关	型号：TR236	6	只	—
18	附加制动器检测开关	型号：TS236	1	套	—
19	上下出入口安全开关	型号：TR236	4	只	—
20	上下围裙板安全开关	型号：TR236	4	只	—
21	驱动链安全开关	型号：ZR236 或 QM-ZV10H236-2z	1	只	—
22	梯级缺失传感器	型号：E2B-M30LN30-WP-C1MNK	2	只	—
23	梯级链安全开关	型号：ZR236 或 UKS	1	只	—
24	梯级下陷安全开关	型号：ZR236 或 UKS	2	只	—
25	手动盘车工具	—	1	套	—
26	实训工具	—	1	套	见附表2-10
27	随机资料	相关说明书及图纸	1	套	—

（六）设备附件（见附表2-10）

附表 2-10　YL-2170A 型扶梯设备附件

序号	名称	型号/规格	数量	单位	备注
1	安全帽		2	顶	红色
2	安全带	全身式带缓冲包	2	套	—
3	隔离带	警戒线护栏	2	个	—
4	电梯维修围挡	（宽）1 500 mm×（高）900 mm	1	套	—
5	"危险勿靠近"警示牌	610 mm×293 mm	1	张	—
6	挂锁标签牌	145 mm×75 mm	1	个	—
7	绝缘安全挂锁	6 mm 锁钩直径	1	把	—
8	剪刀式六孔搭扣锁	1 in	1	把	—
9	自动扶梯启动钥匙	—	2	把	—
10	水平尺	600 mm 盒式	1	把	—
11	角尺	150 mm×300 mm	1	把	铝合金底座不锈钢
12	直尺	300 mm	1	把	不锈钢
13	卷尺	3 m	1	把	—
14	塞尺	0.5~1 mm	1	把	14 片
15	斜塞尺	1~15 mm	1	把	—
16	圆头锤	24 oz	1	把	—
17	胶锤	24 oz	1	把	—
18	公制精抛光两用长扳手（单位：mm）	8、10、13、14、16、17、18、19、21、22、24	各1	把	—
19	公制精抛光棘开两用长快扳手（单位：mm）	10、13、16、17、18	各1	把	—
20	活络扳手	12 in	1	把	—
21	T形内六角扳手	5 mm	1	把	—
22	9件套公制加长内六角扳手（单位：mm）	1.5、2、2.5、3、4、5、6、8、10	各1	把	—
23	L形铣口套筒扳手（单位：mm）	13、14、16、18、19	各1	把	—
24	双色柄一字头螺丝刀	5 mm×100 mm	1	把	—

续表

序号	名称	型号/规格	数量	单位	备注
25	双色柄十字头螺丝刀	PH0×75 PH1×100	各1	把	—
26	双色柄平行一字头螺丝刀	2.5 mm×75 mm	1	把	—
27	双色柄多用尖嘴钳	6 in	1	把	—
28	斜口钳	5 in	1	把	—
29	鲤鱼钳	5 in	1	把	—
30	验电笔	70 mm	1	支	—
31	记号笔	—	1	支	—
32	电工绝缘胶带	19 mm×9 m	1	卷	黑色
33	毛刷	1.5 in	1	把	—
34	数字万用表	MY60	1	台	—
35	钳形电流表	MS2026型,6/60/600/1 000 A,6/60/600 V	1	台	—
36	兆欧表	ZC11-8型,500 V,0~100 MΩ	1	台	—
37	兆欧表	ZC11-8型,500 V,0~100 MΩ	1	台	—
38	转速表	DT2235B	1	台	—
39	机油壶	350502	1	个	—
40	扭力扳手	1~25 N·m	1	把	—
41	黄油枪	500 ml,尖嘴(299005)	1	支	—
42	大力钳	10"(71103)	1	把	圆口带刃,带自锁功能
43	游标卡尺	数显0~200 mm	1	把	—
44	盖板打开工具	—	2	个	—
45	维修灯	—	1	个	—
46	手电筒	—	1	个	—
47	工具箱	17 in	2	个	—

(七)YL-2170A型扶梯电气原理图(如附图2-14~附图2-19所示)

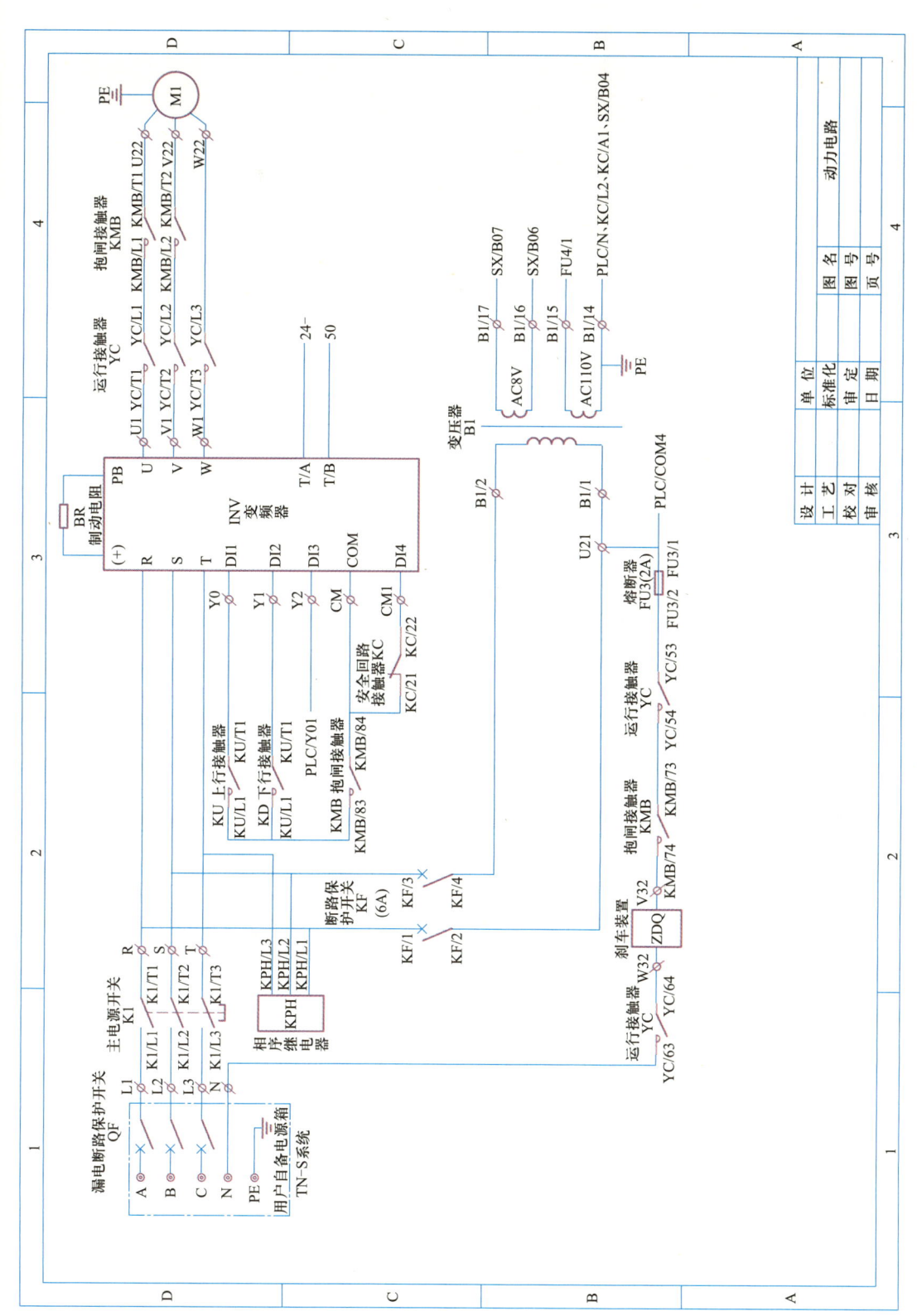

附图 2-14 动力电路图

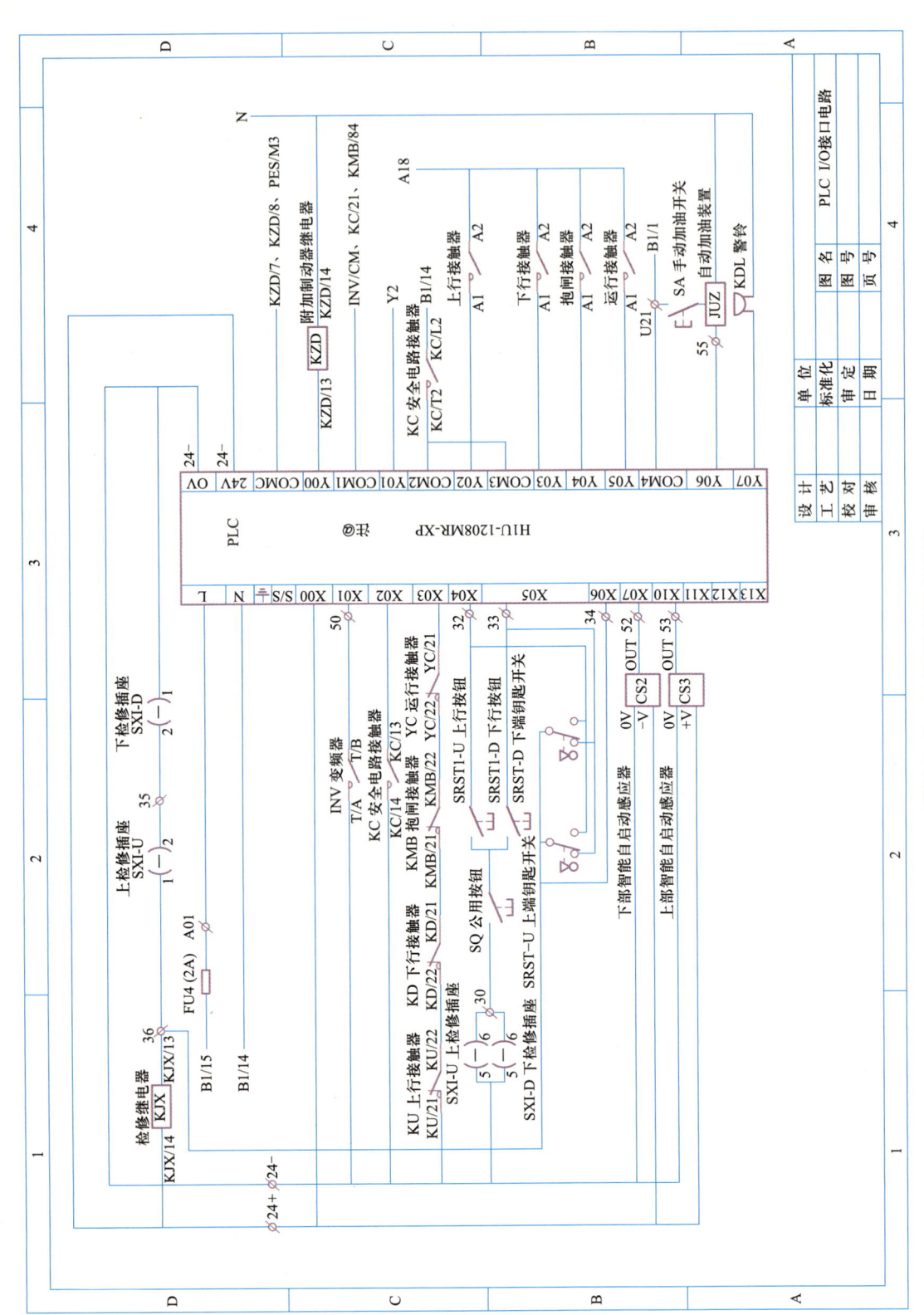

附图 2-15　PLC I/O 接口电路图

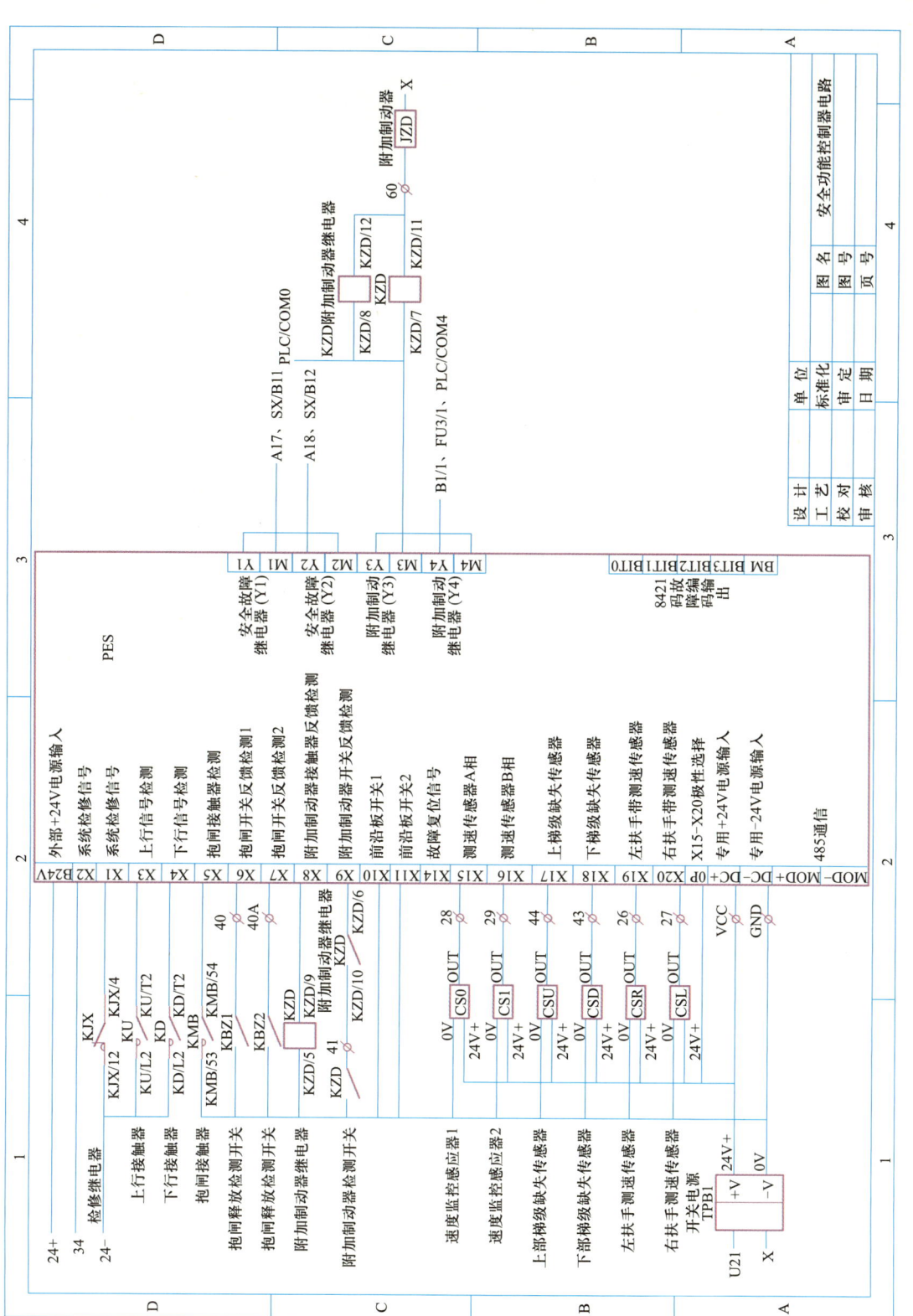

附图 2-16 安全功能控制器电路图

附图 2-17 安全保护电路图

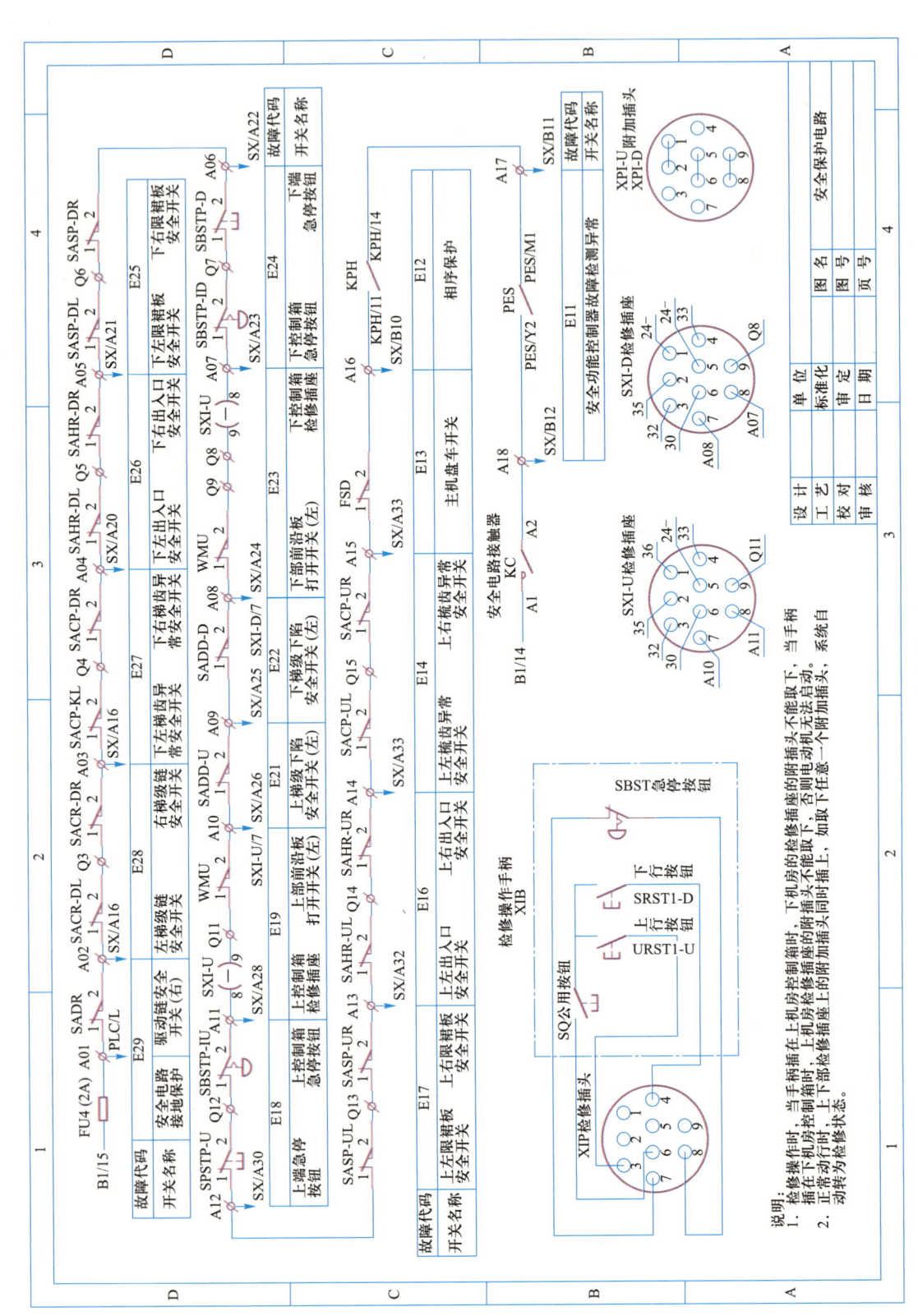

附录2 电梯竞赛设备简介

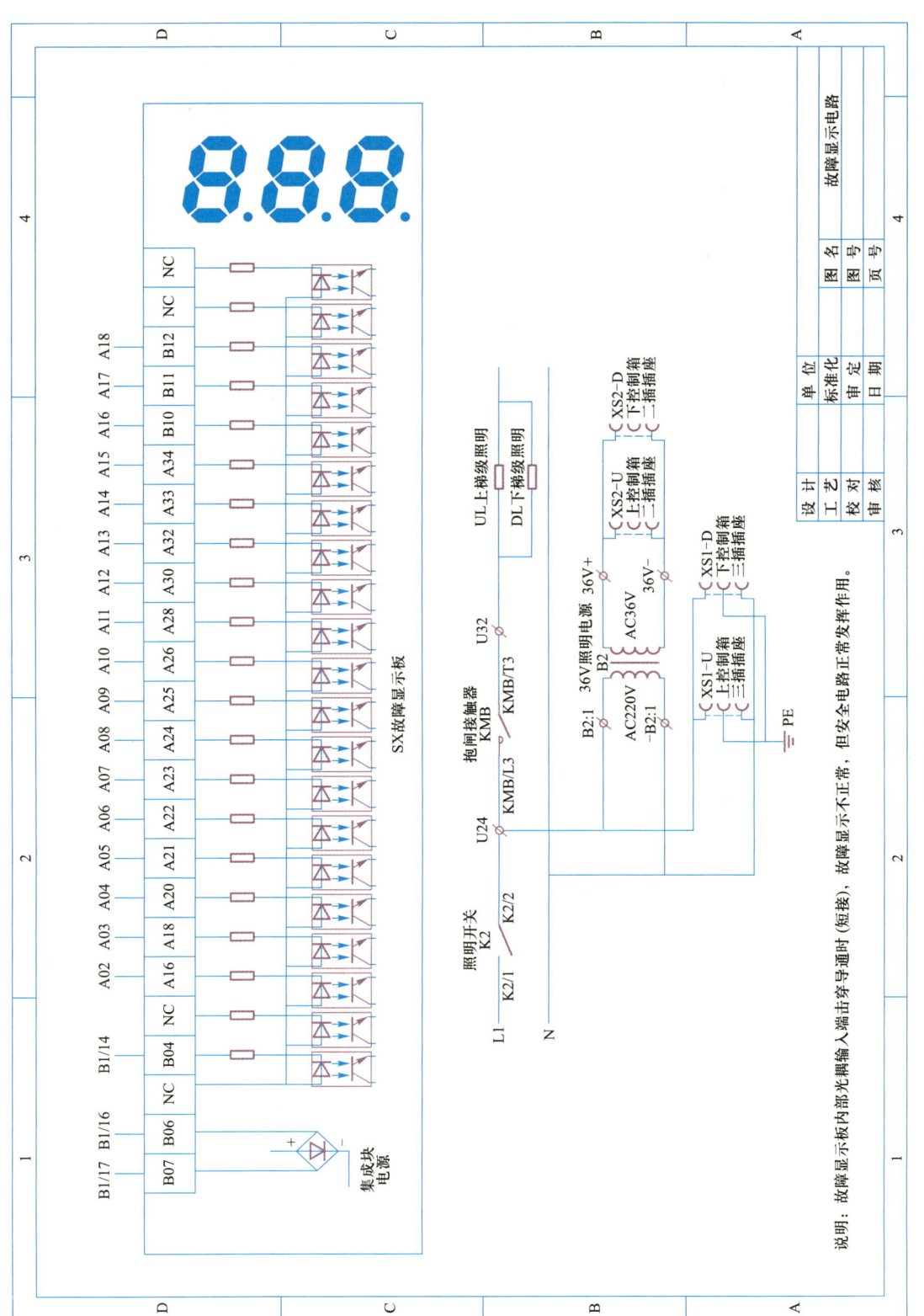

附图2-18 故障显示电路图

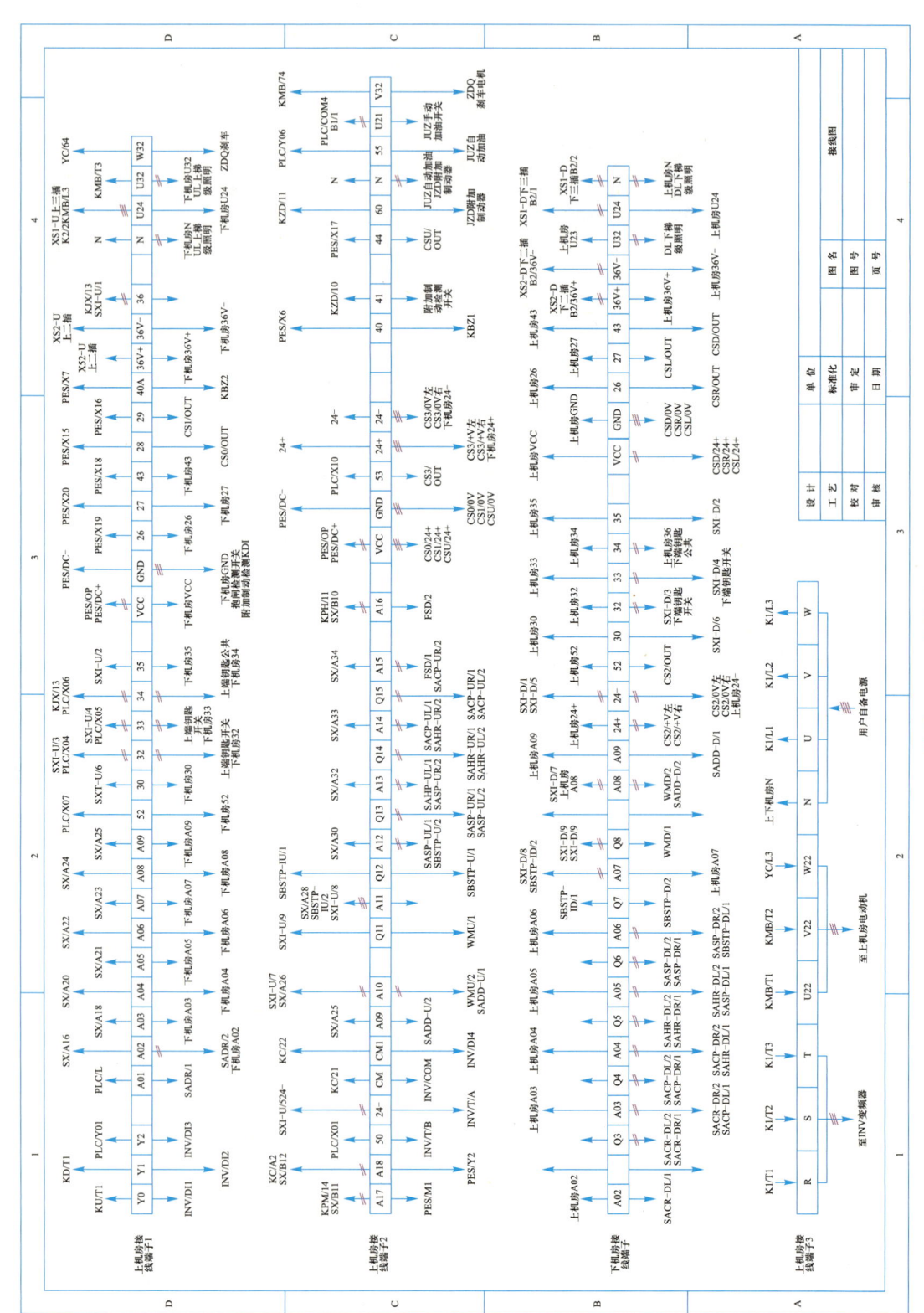

附图 2-19 接线图

（八）YL-2170A 型扶梯电气系统元器件表（见附表 2-11）

附表 2-11　YL-2170A 型扶梯电气系统元器件表

代号	名称	型号规格	数量	安装位置
KU	上行接触器	施耐德 LC1E06-N，AC110V	1	上控制箱
KD	下行接触器	施耐德 LC1E06-N，AC110V	1	上控制箱
YC	运行接触器	施耐德 LC1E25-N，AC110V	1	上控制箱
KMB	抱闸接触器	施耐德 LC1E25-N，AC110V	1	上控制箱
KJX	检修继电器	HHC68B-2Z，DC24V	1	上控制箱
KPH	相序继电器	SW11	1	上控制箱
FU3-FU4	熔断器	RT18-32，2A	2	上控制箱
XS1-U	三眼扁插座	CY1B-45，AC220V	1	上控制箱
XS1-D	三眼扁插座	CY1B-45，AC220V	1	下控制箱
XS2-U	两眼扁插座	CY1B-43，AC36V	1	上控制箱
XS2-D	两眼扁插座	CY1B-43，AC36V	1	下控制箱
XS	故障显示板	XS-A 或 XS-B	1	上控制箱
PLC	可编程控制器	H1U 系列	1	上控制箱
KF	断路保护开关	DZ47-60	1	上控制箱
K1	主电源开关	JFD11-63	1	上控制箱
K2	照明开关	DZ47-60	1	上控制箱
KC	安全电路接触器	施耐德 LC1E06-N，AC110V	1	上控制箱
B1	工作变压器	TDB-200-01AC380V/AV8V、110V	1	上控制箱
B2	36V 照明电源	KBY-01-36V	1	下控制箱
M1	交流电动机	AC380 三相	1	上机房
ZDQ	刹车装置	AC220V 单相	1	上机房
JZD	附加制动器	AC110V/AC220V/AC380V	1	上机房
XPI-U	检修附加插头	WS16 针	1	上检修插座
XPI-D	检修附加插头	WS16 针	1	下检修插座
JUZ	自动加油装置	AC220V	1	金属骨架内
SA	加油手动开关	—	1	加油器上
XIB	检修操作手柄	YT01-C/E	1	检修手柄装置上

续表

代号	名称	型号规格	数量	安装位置
XIP	检修插头	WS16 针	1	检修手柄装置上
SXI-U	检修插座	WS16 座	1	上控制箱
SXI-D	检修插座	WS16 座	1	下控制箱
SBSTP-IU	上控制箱急停按钮	LAY 系列	1	上控制箱
SBSTP-ID	下控制箱急停按钮	LAY 系列	1	下控制箱
SBSTP-U	上端急停按钮	LAY 系列	1	自动扶梯上端
SBSTP-D	下端急停按钮	LAY 系列	1	自动扶梯下端
SRST-U	上端钥匙开关	LAY 系列	1	自动扶梯上端
SRST-D	下端钥匙开关	LAY 系列	1	自动扶梯下端
SRST1-U	上行按钮	LAY 系列	1	检修手柄装置上
SRST1-D	下行按钮	LAY 系列	1	检修手柄装置上
SQ	公用按钮	LAY 系列	1	检修手柄装置上
SBST	急停按钮	LAY 系列	1	检修手柄装置上
DER、DEL	下部左右梳齿照明	DC24V	2	围裙板上
UER、UEL	上部左右梳齿照明	DC24V	2	围裙板上
HDL	下部运行指示器	DC24V	1	下部桁架上
HUL	上部运行指示器	DC24V	1	上部桁架上
UL	上梯级照明	AC220 LED	1	上部桁架内
DL	下梯级照明	AC220 LED	1	下部桁架内
SBSTP-FD	下端附加急停按钮	LAY 系列	1	下部桁架上
SBSTP-FU	上端附加急停按钮	LAY 系列	1	上部桁架上
FSD/FSD1	主机盘车开关	TS236	1	主机上
WMD	下部前沿板打开开关	TR236	1	下扶梯金属架内
WMU	上部前沿板打开开关	TR236	1	上扶梯金属架内
KDZ	附加制动器检测开关	TS236	1	上扶梯金属架内
KZD	附加制动器继电器	HHC68B-2Z AC220V	1	上控制箱
KDL	警铃	AC220V	1	上控制箱
TPB1	开关电源	NES-35-24	1	上控制箱
SAHR-UL	上左出入口安全开关	TR236	1	上右出入口内

续表

代号	名称	型号规格	数量	安装位置
SAHR-UR	上右出入口安全开关	TR236	1	上左出入口内
SAHR-DL	下左出入口安全开关	TR236	1	下右出入口内
SAHR-DR	下右出入口安全开关	TR236	1	下左出入口内
SASP-UL	上左围裙板安全开关	TR236	1	上右围裙板内侧
SASP-UR	上右围裙板安全开关	TR236	1	上左围裙板内侧
SASP-DL	下左围裙板安全开关	TR236	1	下右围裙板内侧
SASP-DR	下右围裙板安全开关	TR236	1	下左围裙板内侧
SADR/SADR1	驱动链安全开关	ZR236 或 QM-ZV10H236-O2z	1	驱动链旁
SACR-DL	左梯级链安全开关	ZR236 或 UKS	1	右链张紧装置上
SACR-DR	右梯级链安全开关	ZR236 或 UKS	1	左链张紧装置上
SACP-UL	上左梳齿异常安全开关	ZR236 或 UKS	1	上梳齿前沿板左
SACP-UR	上右梳齿异常安全开关	ZR236 或 UKS	1	上梳齿前沿板右
SACP-DL	下左梳齿异常安全开关	ZR236 或 UKS	1	下梳齿前沿板左
SACP-DR	下右梳齿异常安全开关	ZR236 或 UKS	1	下梳齿前沿板右
SADD-U	上梯级下陷安全开关	ZR236 或 UKS	1	上梯级下弯金属架上
SADD-D	下梯级下陷安全开关	ZR236 或 UKS	1	下梯级下弯金属架上
KBZ1/KBZ2	抱闸释放检测开关	TS236	2	主机上
PES	安全功能控制器	默耐克 MCTC-PES-E1	1	上控制箱
CSL	右扶手测速传感器	—	1	右扶手带张紧装置上
CSR	左扶手测速传感器	—	1	左扶手带张紧装置上
CS0	速度监控感应器1	—	1	自动扶梯金属架内
CS1	速度监控感应器2	—	1	自动扶梯金属架内
CSD	下部梯级缺失传感器	—	1	自动扶梯金属架内
CSU	上部梯级缺失传感器	—	1	自动扶梯金属架内
CS2	下部智能自启动感应器	—	1	自动扶梯金属架内
CS3	上部智能自启动感应器	—	1	自动扶梯金属架内
INV	变频器	默耐克	1	变频器控制柜
BR	制动电阻	1700W/3400W/8100W	1	变频器控制柜

（九）YL-2170A 型扶梯故障代码表

1. 安全回路故障代码表（见附表 2-12）

附表 2-12　安全回路故障代码表

代码	电气安全开关名称	代号	代码	电气安全开关名称	代号
□	安全电路正常	—	E21	上梯级下陷开关异常	SADD-U
E29	安全电路接地保护、驱动链断链开关异常	SADR	E19	上部左前沿板开关、上控制箱检修插座异常	WMU、SXI-U
E28	左右梯级链安全开关异常	SACR-DL、SACR-DR	E18	上控制箱急停、上端急停止按钮	SBSTP-IU、SBSTP-U
E27	下左右梳齿开关异常	SACP-DL、SACP-DR	E17	上左右围裙板开关异常	SASP-UL、SASP-UR
E26	下左右扶手出入口安全开关异常	SAHR-DL、SAHR-DR	E16	上左右扶手出入口开关异常	SAHR-UL、SAHR-UR
E25	下左右围裙板开关异常	SASP-DL、SASP-DR	E14	上左右梳齿开关异常	SACP-UL、SACP-UR
E24	下端急停止按钮、下控制箱急停	SBSTP-D、SBSTP-ID	E13	主机盘车开关	FSD
E23	下控制箱检修插座、下部右前沿板开关异常	SXI-D、WMD	E12	相序保护	KPH
E22	下梯级下陷开关异常	SADD-D	E11	安全功能控制器故障	PES

2. MCTC-PES-E1 型自动扶梯安全监控器故障说明及处理

（1）故障说明

自动扶梯可编程电子安全系统有 16 项警示信息或保护功能，时刻监视着各种输入信号、运行条件、外部反馈信息等，一旦发生异常，相应的保护功能动作，并显示故障代码。此时用户可以根据附表 2-13 所提示的信息进行故障分析，确定故障原因，找出解决方法。

附表 2-13　故　障　说　明

代码	故障说明	注释（故障说明前的数字为故障子码）
ERR1	超速 1.2 倍	正常运行时，运行速度超出规定速度的 1.2 倍，调试时出现，请确认 F0 组参数设置是否异常
ERR2	超速 1.4 倍	正常运行时，运行速度超出规定速度的 1.4 倍，调试时出现，请确认 F0 组参数设置是否异常

续表

代码	故障说明	注释（故障说明前的数字为故障子码）
ERR3	非操纵逆转	◆ 梯速出现非操纵逆转 ◆ 调试时出现此故障，请检查是否梯速检测信号接反（X15、X16）
ERR4	制停超距故障	◆ 制停距离超出标准要求 ◆ 调试时出现，请确认 F0 组参数设置是否异常
ERR5	左扶手欠速	◆ 左扶手带欠速 ◆ F0 组参数设置不当 ◆ 传感器信号异常
ERR6	右扶手欠速	◆ 右扶手带欠速 ◆ F0 组参数设置不当 ◆ 传感器信号异常
ERR7	上梯级缺失	◆ 上梯级缺失 ◆ 检查 F0—06 值是否小于实际值
ERR8	下梯级缺失	◆ 下梯级缺失 ◆ 检查 F0—06 值是否小于实际值
ERR9	工作制动器打开故障	工作制动器信号异常
ERR10	附加制动器动作故障	1：制动后机械开关反馈无效 2：启动时附加制动开关有效 3：启动时没有打开附加制动器 4：附加制动开关有效时，上行启动运行超过 10 s 5：运行中附加制动器开关有效 6：运行中附加制动器接触器断开
ERR11	楼层盖板开关故障	正常状态下盖板开关信号有效
ERR12	外部信号异常	1：停梯状态下有 AB 脉冲 2：启动后 4 s 内无 AB 脉冲 3：上梯级信号间 AB 信号少于 F0—07 的设定值 4：下梯级信号间 AB 信号少于 F0—07 的设定值 5：左扶手脉冲过快 6：右扶手脉冲过快 7：两路检修信号不一致 8：上下行信号同时有效
ERR13	PES 单板硬件故障	1~4：继电器反馈错误 5：eeprom 初始化失败 6：上电 RAM 校验错误
ERR14	eeprom 数据错误	无

续表

代码	故障说明	注释（故障说明前的数字为故障子码）
ERR15	主辅数据校验异常或MCU通信异常	1：主辅 MCU 软件版本不一致 2：主辅芯片状态不一致 3：X1~X14 端子信号不一致 4：X17~X20 端子信号不一致 5：输出不一致 6：A 相梯速不一致 7：B 相梯速不一致 8：AB 脉冲正交度不好，有跳变 9：主辅 MCU 检测的制停距离不一致 10：左扶手信号不稳定 11：右扶手信号不稳定 12、13：上梯级信号不稳定 14、15：下梯级信号不稳定 101~103：主辅芯片通信错误 104：上电主辅通信失败
ERR16	参数异常	101：最大制停距离 1.2 倍脉冲数计算错误 102：梯级间 AB 脉冲数计算错误 103：每秒脉冲数计算错误

（2）故障反应

附表 2-14 提示本系统所保护的安全功能出现故障后，对应的故障反应，以说明故障出现后的系统提示及保护等级。

附表 2-14　故　障　反　应

序号	故障	故障编码	反应
1	速度超过规定速度 1.2 倍	ERR1	◆LED 闪烁 ◆故障编号输出接口输出故障编号 ◆接上操作器后，操作器显示故障编号 ◆重新上电后反应依旧
2	速度超过规定速度 1.4 倍	ERR2	
3	非操纵逆转运行	ERR3	
4	梯级或踏板的缺失	ERR7/ERR8	
5	启动后，工作制动器未打开	ERR9	
6	制停距离超出最大允许值的 1.2 倍	ERR4	
7	附加制动器动作	ERR10	
8	信号异常或自身故障	ERR12/13/14/15	◆反应与上述故障一致，但重新上电后可以恢复到正常状态
9	扶手带速度偏离梯级踏板或胶带的实际速度大于 -15%	ERR5/ERR6	
10	检查桁架区域检修盖板的打开或楼层板的打开或移走	ERR11	◆反应与上述故障一致，但故障消失后可自动复位

参考文献

[1] 李乃夫. 电梯维修保养备赛指导 [M]. 北京：高等教育出版社，2013.

[2] 李乃夫. 电梯维修与保养 [M]. 2版. 北京：机械工业出版社，2019.

[3] 李乃夫，陈继权. 自动扶梯运行与维保 [M]. 北京：机械工业出版社，2017.

[4] 李乃夫，陈传周. 电梯实训60例 [M]. 北京：机械工业出版社，2017.

[5] 李乃夫，陈传周. 电梯原理、安装与维保习题集 [M]. 2版. 北京：机械工业出版社，2019.

郑重声明

高等教育出版社依法对本书享有专有出版权。任何未经许可的复制、销售行为均违反《中华人民共和国著作权法》，其行为人将承担相应的民事责任和行政责任；构成犯罪的，将被依法追究刑事责任。为了维护市场秩序，保护读者的合法权益，避免读者误用盗版书造成不良后果，我社将配合行政执法部门和司法机关对违法犯罪的单位和个人进行严厉打击。社会各界人士如发现上述侵权行为，希望及时举报，本社将奖励举报有功人员。

反盗版举报电话　（010）58581999　58582371　58582488
反盗版举报传真　（010）82086060
反盗版举报邮箱　dd@hep.com.cn
通信地址　北京市西城区德外大街 4 号
　　　　　高等教育出版社法律事务与版权管理部
邮政编码　100120

防伪查询说明
用户购书后刮开封底防伪涂层，利用手机微信等软件扫描二维码，会跳转至防伪查询网页，获得所购图书详细信息。也可将防伪二维码下的 20 位密码按从左到右、从上到下的顺序发送短信至 106695881280，免费查询所购图书真伪。
反盗版短信举报
编辑短信"JB，图书名称，出版社，购买地点"发送至 10669588128
防伪客服电话
（010）58582300

学习卡账号使用说明
一、注册/登录
访问 http://abook.hep.com.cn/sve，点击"注册"，在注册页面输入用户名、密码及常用的邮箱进行注册。已注册的用户直接输入用户名和密码登录即可进入"我的课程"页面。
二、课程绑定
点击"我的课程"页面右上方"绑定课程"，正确输入教材封底防伪标签上的 20 位密码，点击"确定"完成课程绑定。
三、访问课程
在"正在学习"列表中选择已绑定的课程，点击"进入课程"即可浏览或下载与本书配套的课程资源。刚绑定的课程请在"申请学习"列表中选择相应课程并点击"进入课程"。
如有账号问题，请发邮件至：4a_admin_zz@pub.hep.cn。